Gert Hasenhütl, Hannes Lhotka, Josef Seiter,
Marion Starzacher, Cornelia Zobl

Technik und Design

Die neue Dimension der Werkpädagogik

Schulheft 192/2023

StudienVerlag

IMPRESSUM

schulheft, 48. Jahrgang 2023

ISBN 978-3-7065-6319-2

Umschlaggestaltung (unter Verwendung von Abbildungen in diesem schulheft)
und Layout: typothese.at, Wien
Kapitelbilder: Josef Seiter
Herausgegeben vom Verein zur Förderung des „schulheft", Stiftgasse 8, A-1070 Wien
Kontakt: schulheft, Stiftgasse 8, A-1070 Wien;
E-Mail: kontakt@schulheft.at
Internet: www.schulheft.at

Herausgeber:innen dieser Ausgabe: Gert Hasenhütl, Hannes Lhotka, Josef Seiter, Marion Starzacher, Cornelia Zobl

Lektorat: Michael Sertl

Verlag: Studienverlag, Erlerstraße 10, A-6020 Innsbruck
Tel.: 0043/512/395045, Fax: 0043/512/395045-15
E-Mail: order@studienverlag.at
Internet: www.studienverlag.at

Bezugsbedingungen: schulheft erscheint viermal jährlich.
Jahresabonnement: € 45,00
Einzelheft: € 20,30
(Preise inkl. MwSt., zuzügl. Versand)
Die Bezugspreise unterliegen der Preisbindung. Abonnement-Abbestellungen müssen spätestens 3 Monate vor Ende des Kalenderjahres schriftlich erfolgen.

Aboservice:
Tel.: +43 (0)512 395045, Fax: +43 (0)512 395045-15
E-Mail: aboservice@studienverlag.at

Geschäftliche Zuschriften – Abonnement-Bestellungen, Anzeigenaufträge usw. – senden Sie bitte an den Verlag. Redaktionelle Zuschriften – Artikel, Presseaussendungen, Bücherbesprechungen – senden Sie bitte an die Kontaktadresse.

Offenlegung laut § 25 Mediengesetz:
Unternehmensgegenstand ist die Herausgabe des schulheft. Der Verein zur Förderung des „schulheft" ist zu 100 % Eigentümer des schulheft.

Vorstandsmitglieder des Vereins zur Förderung des „schulheft":
Barbara Falkinger, Florian Jilek-Bergmaier, Julia Köhler, Gabi Lener, Petra Neuhold, Michael Sertl.

Grundlegende Richtung: kritische Auseinandersetzung mit bildungs- und gesellschaftspolitischen Themenstellungen

INHALT

EDITORIAL

Technik und Design

„Technik und Design"– so lautet der neue Name für einen in Wirklichkeit alten Bildungsbereich. Unter Begriffen wie „Werken", „Werkerziehung" oder „Technische Bildung" hat sich das schulheft diesem Thema schon einige Male angenommen.[1]

Das schulheft 89 *„Hauptfach Werkerziehung"* blickte 1998 auf die Realisierung der seit Ende der 1970er Jahre neu formulierten Lehrpläne der Einzelfächer „Technisches Werken" und „Textiles Werken" zurück, deren Strukturen und Lerninhalte sich weitgehend von den ehemaligen Aufgaben der Knaben- und Mädchenhandarbeit unterschieden. Dennoch spiegelte der Rückblick auf diese zwei Jahrzehnte der schulischen Werkerziehung keine Erfolgsgeschichte. Trotz des einstmals beinahe als revolutionär zu bezeichnenden Bekenntnisses zu den gesellschaftlich breit anerkannten Bereichen Architektur, Design, Alltagskultur, Kleidung/Textilien und Technik hatten die Fächer in der Schulrealität wenig an Wertschätzung dazugewonnen.

Die zwei darauffolgenden Ausgaben des schulheft haben auf die Notwendigkeit von technischer Allgemeinbildung hingewiesen. 2007 legte das schulheft 128 unter dem Titel *„Technik weiblich!"* mit der Analyse von mädchen- und frauenzentrierten Fördermaßnahmen von der Früherziehung über die Schule bis zum Beruf den Fokus auf das Thema der technischen Bildung für junge Frauen und Mädchen. Die Nummer 150 formulierte 2013 mit *„ein/fach Technik"* Plädoyers zur technischen Bildung für alle. Beiträge aus Deutschland, Österreich, Finnland und der Schweiz nahmen zur Theorie und Praxis des Technikunterrichts Stellung, betrachteten die Entwicklungen des zentralen Schulfachs für technische Bildung, den Werkunterricht, richteten den Blick auf Maßnahmen zur Gleichstellung der Geschlechter und thematisierten den Zugang zur techni-

1 Alle diese Ausgaben der *schulhefte* sind über die Webseite als pdf kostenlos zu erhalten: www.schulheft.at

schen Bildung und zu geschlechtsspezifischen Einflussfaktoren bei der Wahl von technischen Studien und Berufskarrieren.

Längst ist es müßig zu betonen, dass wir in einer Welt leben, die sich dem Fortschritt und der Innovation verpflichtet hat, deren Mechanismen und Folgen ob ihrer Komplexität immer weniger abgeschätzt werden können. Es ist nötiger denn je, Menschen technisch zu bilden und ihnen technische Kompetenzen zu vermitteln. Der Werkunterricht bietet Kindern und Jugendlichen die erste – und oftmals einzige – Möglichkeit, sich in der Schule und in anderen gesellschaftlichen Bereichen mit den Themen Technik, Design, Kreativität und Handwerk auseinanderzusetzen.

Der neue Lehrplan „Technik und Design" für die Primarstufe und die Sekundarstufe I verspricht nun, diese von Expert:innen jahrelang geforderten Bildungsbereiche schulpraktisch aufzuarbeiten. So heißt es etwa in der Bildungs- und Lehraufgabe des neuen Lehrplans der Volksschule: „Technik und Design stehen in vielen Bereichen der Gestaltung der Lebensumwelt miteinander in Beziehung. Design ist als Gestaltungs- und Problemlösungsprozess vom Entwurf bis zur Entwicklung von Gegenständen und Systemen zu verstehen. Technik meint alle vom Menschen hergestellten funktionellen Gegenstände, deren Produktion und An- bzw. Verwendung.

[…] Die kognitive Begegnung mit und der Transfer zur technischen und gestalteten Wirklichkeit werden dabei angebahnt und die Basis für Technikmündigkeit gelegt. Wahrnehmung, Experimentierfreude, Spontaneität, Flexibilität und Kreativität nehmen einen zentralen Stellenwert ein. Die Entwicklung von Selbstkompetenz, Eigenverantwortung, Kooperationsbereitschaft, Kommunikations- und Teamfähigkeit wird gezielt gefördert."[2]

Im Lehrplan der Sekundarstufe I wird der Bildungsauftrag ähnlich formuliert: „Technik und Design stehen in vielen Bereichen der Lebensbewältigung und -gestaltung miteinander in Beziehung. Design ist als ganzheitlicher Gestaltungs- und Problemlösungsprozess zu verstehen. Der Prozess berücksichtigt bereits im Entwurf alle Schritte des Lebenszyklus: Entwicklung von Systemen und Gegenständen, Herstellung, Recycling, Abbau oder Entsorgung. Zur

2 Umfassende Informationen zu den Lehrplänen sind auf der Webseite www.paedagogikpaket.at übersichtlich präsentiert.

Technik gehören Produkte oder Sachsysteme und alle Prozesse und Handlungen (Verfahren, Fertigkeiten), in denen diese entstehen, verwendet und entsorgt werden. Design- und Technikprozesse münden in Erkenntnis-, Kompetenz- und Wissensgewinn. Damit hat der Unterrichtsgegenstand Relevanz für die aktuellen und zukünftigen Erlebniswirklichkeiten und Lebensrealitäten von Schülerinnen und Schülern und schafft so die Basis für Innovation und Weiterentwicklung in modernen Wissensgesellschaften."

Es ist ein ganzheitlicher Ansatz, mit dem technische Bildung im Schulfach „Technik und Design" ermöglicht werden soll. Gerade durch die Zusammenlegung von „Technischem und textilem Werken" wird ein Technikbegriff geboten, der nicht auf die einzelnen Teile der ehemaligen Einzelfächer eingeschränkt, sondern weiter gefasst ist und gesamtheitlich im Einklang mit der Gestaltung betrachtet wird.

Durch die Breite der Bildungsaufgaben sowie des Kompetenzaufbaus bildet das Fach „Technik und Design" ein Trägerfach im Kanon der MINT bzw. der STEM-Fächer, nämlich Mathematik, Informatik, Naturwissenschaften (Physik, Chemie, Biologie). Durch die Betonung des Design wird zudem der Anschluss der MINT-Fächer an die STEAM-Fächer (STEM erweitert durch Arts), an Kunst, die Geistes- und Humanwissenschaften geöffnet. Diese Erweiterung folgt der Annahme, dass für die MINT-Fächer in Verbindung mit den spezifischen Bildungs- und Forschungsmethoden der Kunst-, Kultur- und Geisteswissenschaften mehrdimensionale und fruchtbarere Forschungsergebnisse erreicht werden können. Technik soll nicht mehr als schiere Berufsmöglichkeit verstanden werden, sondern als integrativer Teil der Bildung, der Herausforderungen und Möglichkeiten bietet. Technik und Design, so auch der curriculare Tenor, liegen quer in allen Bereichen des Lebens und beeinflussen es wirkmächtig wie nachhaltig, „Technik und Design" sind alltagsrelevant. Kein Wunder also, dass der Aufruf zum erneuten Abarbeiten am Unterrichtsfach „Technik und Design" eine breite Palette an impliziten und expliziten Auseinandersetzungen der Autor:innen mit den Aufgaben des neuen Fachs zeigt.

Die vorliegende Ausgabe des schulheft nimmt dementsprechend den Fachnamen des neuen Lehrplans zum Titel, um auf die nun erreichte Spezifik des Unterrichts- und in weiterer Folge des Studienfachs hinzuweisen. In drei Kapiteln kommt es zur Auseinandersetzung über Grundsätzliches und Theoretisches, zu den Rahmenbedingungen und zu Beispielen für die Unterrichtspraxis. Das erste Kapitel ist gleichsam als Einführung gedacht, das zweite nimmt sich des aktuellen Gestaltungs- und Forschungsprinzips um Materialität und Material Literacy an. Das dritte Kapitel blickt auf die Realität der Schule und bietet Unterrichtsbeispiele.

Grundsätzliches – Zur Lehre von Ideen und Dingen

Ingrid Maria Hackl lässt uns unter dem poetischen Titel „*Vom Umgang mit der Schwerkraft der Ideen und über die Wirkmacht der Dinge*" einen breit gefächerten Blick auf „*Die Chancen und die gesellschaftliche Bedeutung des Faches ‚Technik und Design*'" werfen. Die Autorin überblickt die Entwicklung der Lehrpläne des „Technischen und textilen Werkens" seit Mitte der 1970er Jahre bis zum Status quo und bespricht u.a. die seit damals schrittweise erreichten Neuerungen der mehrmals novellierten Lehrplantexte, thematisiert die durch die Curriculumsentwicklung veränderte Lehramtsausbildung, beantwortet die Genese des Fachnamens, beleuchtet die neueingeführten fächerübergreifenden Kompetenzen und den Stellenwert des Faches im Zusammenhang mit den anderen MINT-Fächern. Angesichts der äußerst komplexen und globalen Probleme unserer Umwelt wurde nach Hackl mit „Technik und Design" eine wichtige Stellschraube zur Bildung für eine nachhaltige Entwicklung geformt.

Marion Starzacher stellt das Praxishandbuch „*Technik.Design. Werken*" als ein „*methodisch-didaktisches Tool zur Unterrichtsgestaltung*" für das Fach vor. Die Planung und Gestaltung des Unterrichts in Primar- und Sekundarstufe wird durch bereits mehrfach erprobte Beispiele, inhaltlich sowie fachdidaktisch, unterstützt. In der Breite seiner Beispiele regt das Praxishandbuch Inspiration und Motivation an, Neues in den Unterricht zu implementieren, um den Schüler:innen die Freude am Tun und Denken näherzubringen.

Monika Holzer-Kernbichler ermuntert, nicht nur zur Befruchtung der Lehrer:innenausbildung den Blick in andere Fachdidaktiken zu werfen. Mit „*Objekt, Objekt! Der Ambiguität verpflich-*

tet (oder: Kulturwissenschaften für Technik und Design)" greift die Autorin auf ihre Erfahrungen aus der Kunstvermittlungspraxis zurück, um aufzuzeigen, wie dort Erprobtes für die Ausbildung fruchtbar gemacht werden kann. Werkbeispiele aus der Geschichte des Kunstgewerbes und Industriedesigns ermöglichen in Schule und Lehrer:innenbildung kreative, kritische oder handwerkliche Impulse für das eigene Tun im Unterricht.

Gert Hasenhütl befragte einen führenden Experten für Technische Bildung, den an der TU Delft lehrenden Pädagogen *Marc de Vries*, über den allgemeinen Stellenwert der Technischen Bildung und ihren Stand in anderen Bildungssystemen. Dieses Interview ist Teil des von Gert Hasenhütl konzipierten und durchgeführten Forschungsprojektes: „*Technik und Design transdisziplinär*".

Materialität – Material Literacy

„Technik und Design" ist wie andere Schul- und Studienfächer dem Bewusstmachen von kritischen Situationen verpflichtet, die Herausforderungen für unsere Gesellschaft benennen. Vor diesen Herausforderungen ist unsere Problemlösekompetenz gefragt, um Lösungen für die Auswirkungen menschlichen Handelns auf unsere Erde zu entwickeln. Die Forscher:innengruppe um *Valentina Rognoli* bringt mit dem Bericht zu dem „*DIY-Ansatz zur Entwicklung von Materialien für einen ökologischen Wandel*" spannende Anregungen für Unterrichtsprojekte unter dem Aspekt, neue Materialen zu erforschen. „*Do it Yourself!*" und materialbezogenes Entwerfen beschreibt Wege zu einer Reihe biobasierter, biofabrizierter Materialien, die auf einen ökologischen Wandel hinweisen.

Den in diesem DIY-Ansatz grundgelegten Bereich der „*Material Literacy*" nimmt *Cornelia Zobl* zum Ausgangspunkt, um „*Möglichkeiten für das (neue) Unterrichtsfach Technik und Design*" auszuloten. Gerade die Erkundung jener Materialien, die traditionell bisher den beiden Fächern „Technisches Werken" und „Textiles Werken" zugeordnet wurden, können/sollen produktiv im neuen Fach aufgehen. Dabei würden Verfahrensweisen zum einen der Erschließung neuer Materialanwendungen dienen, zum anderen könnten sie zu neuen Materialien und Produkten führen.

Materialien können Auslöser für eine Kaskade an Sinneseindrücken sein, so *Ingrid Maria Hackl* in *„Materialität und ihre Triggerpunkte"*. Mit den menschlichen Sinnesorganen aufgenommen und verarbeitet, werden durch Materialien visuelle, haptische, gustatorische und olfaktorische Wahrnehmungen angeregt. Die Autorin unternimmt einen kurzen Ausflug in die ästhetische und haptische Perzeption, um zu vermitteln, welchen Einfluss Materialität auf uns ausübt und wie der Umgang mit ihr gepflegt werden kann.

Nach einer kurzen Abhandlung über die Bedeutung von Materialien und Werkstoffen für Gesellschaft und Designer:innen verweist *Dominik Gumpenberger* auf bewährte didaktische Ansätze des handlungs- und prozessorientierten Unterrichts – allerdings mit dem speziellen Fokus auf die Materialforschung im Bereich „Technik und Design". Der Autor versteht sein *„Plädoyer für Forschung und Experiment mit Materialien und Werkstoffen im Fach Technik und Design"* gleichsam als Manifest: *„Die Welt ist Material!"*

Schule und Unterricht – Technik und Design in Beispielen

Bevor zu Ende dieses Abschnitts erprobte Projekte aus Lehrer:innenausbildung, schulischem und außerschulischen Unterricht zum Motivieren anregen, verweisen die ersten Texte auf die Rahmenbedingungen, die „Technik und Design" befördern oder behindern.

Georg Jaroschka übertitelt seinen Beitrag zur *„Technik und das andere Design"* mit *„Project 2061"*, dem Namen jenes US-amerikanischen Bildungskonzepts, das alle Amerikaner:innen bis zum Jahr 2061 MINT-fit machen will. Der Autor führt die Leser:innenschaft visionär durch die Landschaft einer äußerst großzügigen Ausweitung der schulischen „hands-on/minds-on" Pädagogik, die die Forderung erhebt, technische und gestalterische/Design Bildung in allen Schulstufen einzusetzen und die Ausbildungsstätten dementsprechend auszustatten.

Lehrpläne mit ihren Ideen wollen umgesetzt werden. Dass dies nicht immer so leicht ist, machen die *„Problemzonen in der Schule"* deutlich. Einige dieser Problemzonen sind nicht dem Lehrplan geschuldet, sondern resultieren aus strukturellen Maßnahmen der Vergangenheit, die noch immer ihre Wirkung auf der Ebene des Unterrichts entfalten. Auf sie verweist *Ingrid Maria Hackl*. Den Problemen mit Gruppengrößen und Sicherheitsvorschriften, der leichtfertigen Verwendung von Werkpackungen, den Herausforderungen der Lehrer:innenausbildung und dem Lehrer.innenmangel ist – unter anderem – mit der Bereitschaft zur Fort- und Weiterbildung und durch eine intensive Zusammenarbeit der Fachcommunity zu begegnen.

Dass „Technik und Design" auch in der inklusiven Pädagogik einen zentralen Platz haben muss, zeigt *Timo Finkbeiners* Beitrag *„Technik im Kontext inklusiven Unterrichts"*. Er stellt grundlegende Aspekte inklusiver Pädagogik und des technikbezogenen Unterrichts zur Disposition und skizziert, mit Blick auf die Unterrichtspraxis, Impulse für einen inklusiven Unterricht. Ein sich daraus ergebender Diskurs, versteht sich als Anregung, das Thema sowohl vielfältig als auch spezifisch zu betrachten und mögliche Optionen für einen inklusiveren Unterricht zu entwickeln.

Wie die Fachbereiche des „Technischen Werkens" und „Textilen Gestaltens" in der Ausbildung der Grundkompetenzen zusammengeführt werden können, dem nimmt sich die Lehrer:innenbildung im Verbund Süd-Ost an. *Karin Gollowitsch* und *René Stangl* bringen *„Einblicke in das Konzept der Erfahrungswerkstätte im Studiengang Technische und Textile Gestaltung"*. In dieser Lehrveranstaltung sollen im ersten Semester Studierende einerseits für Material- und Werkstoffqualitäten und deren Erscheinungsformen sensibilisiert werden, andererseits ihre eigene kreative Ausdrucksweise erweitern: *„Fantastische Wesen werden zum Leben erweckt"*.

Immer häufiger wird der Schulunterricht durch außerschulische Kurse und Projekte befruchtet. *Christina Adorjan* und *Elisabeth Lehner* führen mit *„Schablonieren und Elektroätzen von Edelstahl"* eine von zahlreichen Möglichkeiten vor, wie Making und Tinkering-Ansätze in den Unterricht einfließen können. Die Autorinnen beschreiben die Vorgehensweise zur Vorbereitung und Herstellung von Zeichen oder Schriften auf Metalloberflächen durch ein Ätzverfahren, das auch ohne spezifische Geräte, wie Schneidplotter oder Lasercutter, durchgeführt werden kann.

Mit einem weiteren innovativen Konzept, das in einer außerschulischen Bildungsinitiative entstanden ist, schließt das schulheft das Thema „Technik und Design". *Dorothea Erharter* stellt mit *„Die*

Robo4earth" – sie nennt es auch „*Ein didaktisches Konzept zur Verbesserung der Welt*" – ein erprobtes Projekt vor, verknüpft es doch Robotik mit den Sustainable Development Goals der UNO. Das Konzept wurde für einen motivierenden Einstieg in Technik, Design und Programmieren entwickelt und will besonders Mädchen für eine Technik-Karriere motivieren.

Lesen Sie die Beiträge des schulheft, mögen Sie durch sie neue Erkenntnisse gewinnen, Bereicherung, aber auch Bestätigung erhalten. Doch wie hieß es in dem frühen schulheft 89 zur Werkerziehung: Ein schulheft zur Werkerziehung muss Leerstellen enthalten – ein schulheft zu „Technik und Design" natürlich auch. Arbeiten wir gemeinsam zusammen, sie zu füllen.

Ihre schulheft Redaktion

PS.: Im Jänner 2024 wurde von Bildungsminister Polaschek angekündigt, dass die Lehrer:innenausbildung von 12 auf 10 Semester verkürzt würde, um durch die Reduktion der Studienzeit dem Lehrer:innenmangel zu begegnen. Weil die Abfassung der Artikel für dieses schulheft vor der Bekanntgabe dieser Maßnahme geschah, bitten wir die Leser:innen, in jenen Artikeln, die sich auf die Lehrer:innenbildung beziehen, diese Veränderung mitzudenken, aber auch die Konsequenzen dieser Verordnung zu überlegen.

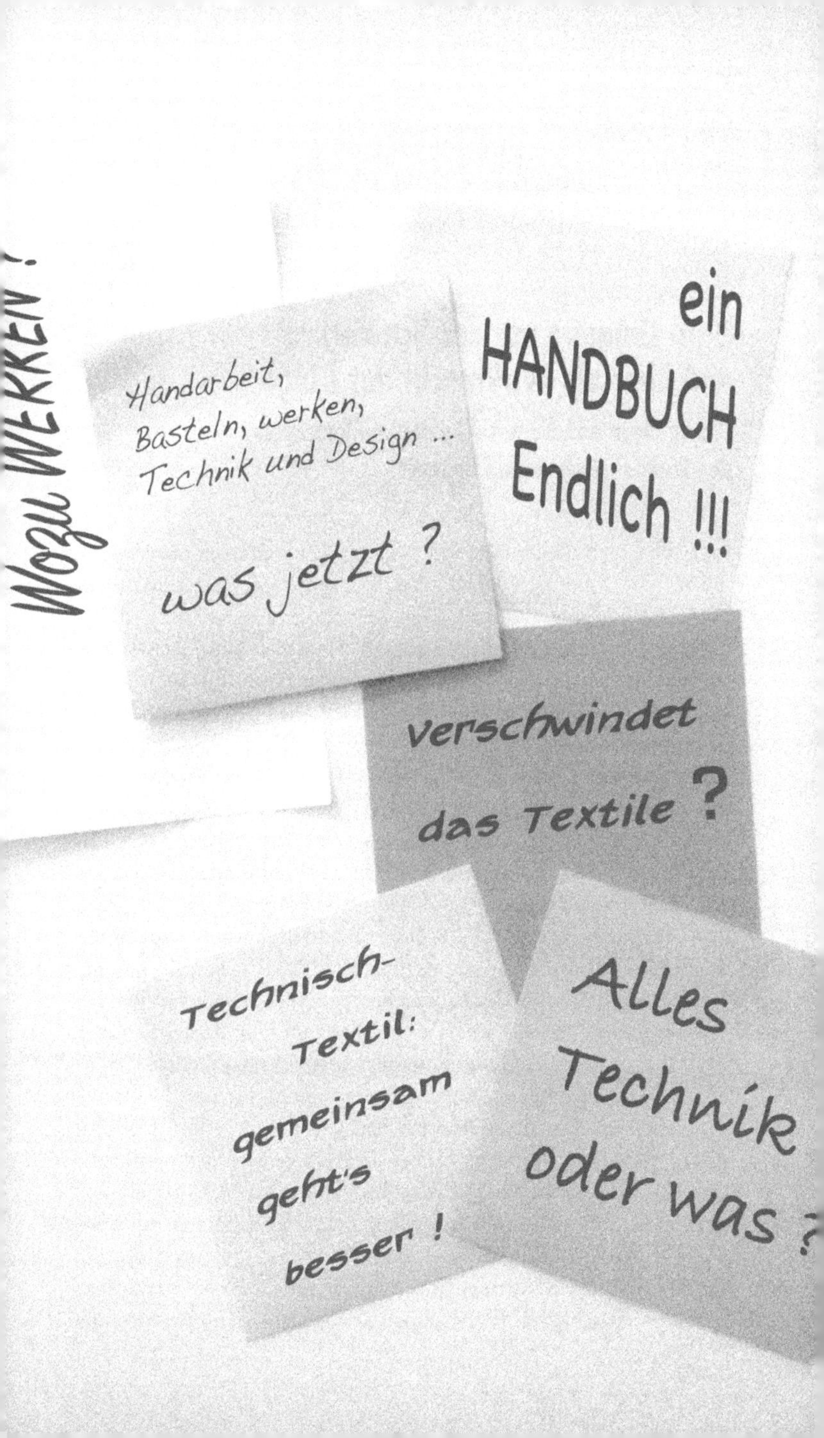
Wozu WERKEN !
Handarbeit, Basteln, werken, Technik und Design ...
was jetzt ?
ein HANDBUCH Endlich !!!
Verschwindet das Textile ?
Technisch-Textil: gemeinsam geht's besser !
Alles Technik oder was ?

Ingrid Maria Hackl

Vom Umgang mit der Schwerkraft der Ideen und über die Wirkmacht der Dinge

Die Chancen und die gesellschaftliche Bedeutung des Faches „Technik und Design"

Im Fach „Technik und Design" werden Kompetenzen ausgebildet, die für die Zukunft wichtig sind, um selbstorganisiert komplexe Probleme lösen zu können. Die Bedeutung des Faches wird ersichtlich, wenn im Lehrplankommentar bemerkt wird, dass es eine stärkere Befassung mit ökologisch und sozial verträglichem Design sowie mit Technologien, die dem Wohlergehen der Menschen und der Umwelt dienen, braucht, damit weltweite Krisen besser bewerkstelligt werden können. Das Verständnis für Zusammenhänge gepaart mit dem eigenen gestalterischen Handeln fördert und bildet Technik- und Designmündigkeit aus. Anknüpfungspunkt ist dabei die Sachkultur / Materielle Kultur als Repräsentantin von gesellschaftlichen Prozessen und Machtstrukturen. Dem Anspruch der Lehrplanverordnung, die fächerübergreifenden Kompetenzen zu fördern, wird „Technik und Design" auf sehr vielen Ebenen gerecht. Bereits im Titel des Faches werden die fächerübergreifenden Themenfelder „Technik und Design" benannt, von denen sich eine Vielzahl von weiteren Themen ableiten lassen, anhand derer fächerübergreifende Kompetenzen ausgebildet werden können.

Nicht nur Unternehmer:innen brauchen Mitarbeiter:innen mit diesen Schlüsselkompetenzen, sondern die gesamte menschliche Gesellschaft braucht diese Kompetenzen, damit Leben auf dem Planeten Erde weiterhin und langfristig möglich ist. Es gilt mit allen Mitteln jenen Bildungsmangel zu verhindern, der durch die Beschränkung des Unterrichts auf Primarstufe und Sekundarstufe I und eine einschränkende Stundentafel entsteht. Eine Erweiterung der Unterrichtsstunden wäre wichtig, wünschenswert und notwendig, damit die Inhalte aus „Technik und Design“ auch in der Sekundarstufe II gelehrt werden. Lehrer:innen brauchen Unterstützung auf mehreren Ebenen, um dem Bildungsauftrag gerecht werden zu können und Problemzonen abzubauen. Die Kooperationen der Fachcommunity in Sachen Fachtagungen, Handreichungen, Unterrichtsmaterialien sind bemerkenswert und wirken sich sehr positiv auf die Entwicklung eines neuen Fachverständnisses aus. Aber das reicht bei weitem nicht aus. Damit das neue Fachverständnis auch an die Direktor:innen, Lehrer:innen, Schüler:innen und deren Eltern gelangt, damit dieses neue Fachverständnis mitten in die Gesellschaft kommt und umgesetzt werden kann, braucht es Unterstützung auf politischer, gesetzlicher und finanzieller Ebene – und das langfristig.

Dinge sind wirkmächtig!

Wir umgeben uns im Laufe des Lebens mit einer Vielzahl von Dingen, wir bedecken täglich unseren Körper mit ihnen, erweitern unsere Sinne durch sie und bewegen uns auf, mit und in ihnen und manche davon vergöttern wir regelrecht. Dinge sind materialisierte Kreativität. Sie entspringen einem Bedürfnis oder werden zur Lösung eines Problems erdacht und gemacht.

„Die Schwerkraft von Ideen“ betitelt Claude Lichtenstein (2021) seine zwei Bände der Designgeschichte und stellt Dinge in den Mittelpunkt, die Geschichte(n) geschrieben haben. Mit Idee meint Lichtenstein einen „Gedanken, der in eine Problemstellung *‚ein-fällt‘* und sie verändert oder auflöst“ (Lichtenstein, 2021, S. 7). Anhand jedes einzelnen Objekts wird sichtbar, was aus diesen Ideen geworden ist, wie die Dinge gestaltet sind und mit welchen Mitteln das Problem am Ende tatsächlich gelöst wurde. „Design ist nicht einfach nur die Gesamtheit aller Gegenstände. Vielmehr beinhaltet Design auch die Voraussetzungen, die zu den Gegenständen führen, und die Auswirkungen, die sich aus ihnen ergeben, die Gebrauchsformen, die die Menschen von den Dingen ableiten“. (ebd. S. 7)

Dinge stellen eingefrorene Handlungen dar (Korff, 2005), weil sie durch Handlungen entstanden sind und sie bedürfen weiterer

Handlungen, wenn sie gebraucht werden bis hin zu ihrer Entsorgung. Durch das Materialisieren von Ideen[1] wird also eine regelrechte Kette von Handlungen in Gang gesetzt, die auf viele Bereiche (Aus)Wirkungen haben.

Die Schwerkraft von Ideen – Ideen sind so lange schwerelos, schwirren so lange im Bereich des Denkbaren / Möglichen / schier Unmöglichen herum, bis sie tatsächlich auf die Welt gebracht werden. Die Geburt ist nicht immer einfach, denn die Schwerkraft und all ihre Verbündeten – bei der Entwicklung von Produkten sind dies Ressourcen, technische Möglichkeiten, ästhetische / ethische / ökologische / wirtschaftliche Aspekte – beginnen zu wirken, sobald man sich konkret mit der Umsetzung beschäftigt.

Wenn in der Herstellung von Produkten wirtschaftliche Überlegungen zur Profitmaximierung dominieren und dadurch in Ländern produziert wird, wo es Lohndumping, keine oder wenig Umweltschutzauflagen gibt, zeigen sich die negativen Auswirkungen aufgrund der globalen Verschränkungen unserer Gesellschaften mittlerweile weltweit. (Vereinte Nationen, 2022)

Dinge, als Repräsentanten der materiellen Kultur, sind als übergreifendes Modell der Kommunikation zu verstehen (Hahn, 2005), denn sie veranschaulichen und repräsentieren gesellschaftliche Prozesse, Lebensformen und auch Machtstrukturen. Dinge offenbaren, welche Probleme durch ihre Herstellung gelöst werden. Sie zeigen, wie sie gestaltet und beschaffen sind. Der Umgang mit ihnen ist entweder intuitiv erfahrbar oder erlernbar. Manchmal ist nicht auf den ersten Blick nachvollziehbar, welche Materialien und Herstellprozesse hinter einem fertigen Produkt stecken und welche Bedeutungen Dinge haben, erschließt sich oft erst durch Kontextwissen.

Die Geschichte der materiellen Kultur ist dicht verwoben mit der Geschichte der Technik. Menschen sind seit Urzeiten erfinderisch, wie etwa prähistorische Faustkeile oder 40.000 Jahre alte Schnurfragmente (Hardy et al., 2020) belegen. Technische Erfindungen verändern seit Jahrtausenden unsere Welt und fast alle Lebensbereiche sind heute durch Technik beeinflusst. Werkzeuge, Geräte, Produkte helfen dabei, unsere Bedürfnisse zu befriedigen, Arbeits-

1 Ideen materialisieren – aus dem Folder (2022) zur Bewerbung des Lehramtsstudiums Gestaltung: Technik.Textil an der Kunstuniversität Linz.

prozesse schneller und effizienter zu gestalten, um damit unser Leben zu erleichtern und mehr Komfort zu erhalten. (ITEEA International Technology Educators Association, 2007) Wie wir unsere Welt wahrnehmen, hat sich durch technische Erfindungen maßgeblich verändert (z. B. durch Erfindungen wie Lupe, Mikroskop, Weltraumteleskop). Menschen erweitern durch Werkzeuge und Maschinen ihre Sinne, erhöhen ihren Handlungs- und Wirkungsradius und werden dadurch zu augmentierten Menschen mit neuen Quasi-Fähigkeiten.

Der Druck technische Innovationen voranzutreiben, die sprichwörtlich die Welt retten sollen, ist in den vergangenen Jahren spürbar gestiegen und ist ablesbar an den Berichten in den Medien und an den Forschungen und Entwicklungen zu sogenannten *grünen Technologien* (Umweltbundesamt, 2023). Technische Innovationen allein sind nicht ausreichend. Im Nachhaltigkeitsbericht 2022 ist von konvergierenden und zusammenfallenden Krisen (Vereinte Nationen, 2022, S. 3) die Rede, die allesamt das Überleben auf unserer Erde bedrohen. Ein globaler kultureller Transformationsprozess ist notwendig, um den Schaden zu begrenzen und eine positive Wende hervorzubringen, die nicht nur von Hoffnung, sondern von Taten und Werten zum Wohle unseres Planeten und der Menschen gespeist ist. Wie dieser Transformationsprozess gelingen könnte, ist in den 17 Nachhaltigkeitszielen (Vereinte Nationen, 2016) formuliert. Basierend auf den genannten Nachhaltigkeitszielen baut die Bildung für Nachhaltige Entwicklung – BNE (Vereinte Nationen, 2022) – auf, um diese Ziele über den Weg der Bildung zu integrieren und auf vielen Ebenen umzusetzen.

Von der Schwerkraft der Ideen im Zusammenhang mit dem Unterrichtsfach „Technik und Design“ zu sprechen, erscheint im ersten Moment vielleicht etwas abgehoben, doch bei näherer Betrachtung könnte es auch als alternative Beschreibung für das Fach herhalten. Denn es geht im Wesentlichen um das Materialisieren von Ideen und darum zu lernen, wie, ausgehend von Ideen oder Problemen, nach Lösungen gesucht wird und diese unter den gegebenen oder noch zu kreierenden Möglichkeiten umgesetzt werden können: ausprobieren, rumschrauben, üben, irren, dranbleiben, nochmals von vorne. Kreativität wird angeregt und trainiert, handwerkliche Skills erworben, reale Welt geformt.

Unter den Herausforderungen der Gegenwart und der Zukunft und durch die Linse der Bildung für Nachhaltige Entwicklung betrachtet, kommt dem Fach „Technik und Design“ große Bedeutung zu! In keinem anderen Unterrichtsfach wird mehr über die Dinge und Phänomene des Alltags, über die materielle Kultur, die durch den technischen Fortschritt geprägt ist, gelernt. Kinder werden in die materielle Kultur hineingeboren. Im Unterrichtsfach „Technik und Design“ erleben Kinder und Jugendliche, wie sie in dieser Kultur als Handelnde und Produzierende agieren können, und sie bekommen durch ihre eigene gestalterische Arbeit einen Eindruck davon, welche Wirkung von Dingen ausgeht, die Menschen produzieren. Sie reflektieren ihr eigenes Konsumverhalten, hinterfragen Herstellungsprozesse und Arbeitsbedingungen. Wenn Kinder und Jugendliche am eigenen Leib erleben, welche Entwicklungs- und Produktionsschritte bis zur Realisierung eines Produkts notwendig sind und sie darüber hinaus sparsam mit Ressourcen umgehen müssen, wird die Wirkmacht von Dingen mehr und mehr bewusst. Damit sie Ideen materialisieren und mit der Wirkung der Dinge hantieren können, braucht es Lehrer:innen, die sie dazu anleiten und ermutigen.

Dem neuen Unterrichtsfach „Technik und Design“ sind einige Umbrüche vorangegangen. Mit welchen Veränderungen im Fachbereich Werken zu kämpfen waren und welche Herausforderung aktuell vorherrschen, wird im folgenden Abschnitt behandelt.

Von der „Werkerziehung“ zum Fach „Technik und Design“ – eine kurze Fachgeschichte seit 1975

Lehrplanumstellungen betreffen nicht nur den Unterricht an den Schulen, sondern sie sind verwoben mit der Ausbildung sowie mit dem Angebot an Fort- und Weiterbildungen. Die Entwicklung im Fachbereich Werken ab 1975 wird anhand bedeutender curricularer Umstellungen in der Primar- und Sekundarstufe sowie in der Ausbildung der Lehrer:innen skizziert und es werden aktuelle Probleme benannt. Dieser Zeitraum wurde deshalb gewählt, weil sich die Curricula aus dieser Zeit nach wie vor in bestimmten Bereichen auswirken.

Schulstufen 1 bis 4

In der Primarschule (Schulstufe 1 – 4) kommt seit 1975[2] jeder Schüler, jede Schülerin mit Werkerziehung in Berührung. Mit der 5. Schulorganisationsnovelle wurde koedukativer Unterricht an österreichischen Schulen in fast allen Fächern verpflichtend verankert. Im Bereich Werken der Volksschule ist das der Fall, nicht aber in der Sekundarstufe I. Produktgestaltung im textilen Bereich als Schwerpunkt A wurde vorwiegend von Arbeitslehrerinnen unterrichtet, die dafür eine 4jährige Ausbildung mit Befähigungsprüfung absolvieren mussten. Schwerpunkt B umfasste Bauen-Wohnen, Technik, Produktgestaltung und wurde meist von den Klassenlehrer:innen übernommen. Von 1985 bis 1987 konnten Arbeitslehrerinnen eine Zusatzprüfung absolvieren, sodass sie beide Schwerpunkte unterrichten konnten. Nach 1982 wurde die Ausbildung im Bereich Werken gesamt in die Primarstufenpädagogik integriert. Die Ausbildung der Arbeitslehrerinnen wurde nicht mehr fortgesetzt.[3] Das bedeutet, dass Primarstufenlehrer:innen als Generalist:innen seit damals und bis dato Werkerziehung mit beiden Schwerpunkten unterrichten, sofern dafür nicht noch Arbeitslehrerinnen zur Verfügung stehen. 2007 trat ein neuer Lehrplan in Kraft und damit wurde das Fach von Werkerziehung in „Technisches Werken“ und „Textiles Werken“[4] umbenannt. Die Fachbereiche wurden etwas umgestaltet. Über die Jahrzehnte ist die Stundentafel in den Volksschulen gleichgeblieben und sieht in der 1. und 2. Schulstufe je eine Wochenstunde und in der 3. und 4. Schulstufe je zwei Wochenstunden „Werken“ vor. Der Lehrplan „Technik und Design“ tritt mit dem Schuljahr 2023/24 aufsteigend in Kraft. Neuerungen werden im entsprechenden Kapitel weiter unten besprochen.

In der Ausbildung der Volksschullehrer:innen an den damaligen Pädagogischen Akademien[5] standen neben den Pflichtfächern er-

2 BGLB 323/1975 (5. Schulorganisationsgesetz-Novelle), koedukativer Unterricht wird verpflichtend

3 Für den Unterricht an Höheren Berufsbildenden Lehranstalten im Bereich Haushalt und Ernährung, Mode, künstlerische Gestaltung usw. musste fortan ein Studium an einer Universität abgeschlossen werden.

4 BGBl. II Nr. 107/2007, Mai 2007 Lehrplan der Volksschule Technisches und Textiles Werken

5 Vorläuferinstitut der heutigen Pädagogischen Hochschulen

weiterte Unterrichtsfächer zur Auswahl und Studierende konnten sich zwischen „Musikerziehung", „Bildnerischer Erziehung", „Werkerziehung" oder „Leibeserziehung" entscheiden (BGLB 323/1975, S. 19). Verpflichtend wurde die Ausbildung im Fachbereich „Werkerziehung" ab 1982, nachdem die herkömmliche Ausbildung der Arbeitslehrerinnen nicht mehr fortgesetzt wurde. Durch curriculare Änderungen über die Jahre wurde der Workload im Fachbereich „Werken" sukzessive reduziert. Dabei variieren die Workloads der Curricula (Stand 2023) zwischen 12 ECTS (PH OÖ) und 6 ETCS (PH Salzburg).[6] Eine weitere Änderung des Curriculums steht voraussichtlich mit 2025 ins Haus.

Schulstufen 5 bis 8

Trotz der Novelle von 1975 war der Bereich Werken in der Sekundarstufe I (Schulstufe 5 – 8) von der Koedukation weiterhin ausgenommen und Werken wurde nach Geschlechtern getrennt unterrichtet. Das Fach wurde damals nur von „Knabenhandarbeit" und „Mädchenhandarbeit" in „Werkerziehung für Knaben" und „Werkerziehung für Mädchen"[7] umbenannt.

Ab 1987 gab es in der 7. und 8. Schulstufe, ab 1993 auch in der 5. und 6. Schulstufe die Wahlfreiheit zwischen dem nun wiederum umbenannten Fach „Technisches Werken" und „Textiles Werken".[8] In den Hauptschulen / Neuen Mittelschulen wurde ab 2012 das kombinierte Fach „Technisches und textiles Werken" eingeführt[9], wobei im Lehrplan 2012 die Fachbereiche noch explizit getrennt dargestellt wurden. An den Allgemeinbildenden Höheren Schulen (AHS) wurde diese Zusammenführung lange Zeit abgelehnt und sehr kritisch betrachtet, denn durch die Verdoppelung der Inhalte, die in derselben zur Verfügung stehenden Zeit zu unterrichten waren, wurde ein massiver Qualitätsverlust befürchtet.[10] Außerdem wurde bemängelt, dass durch das Mehr an Inhalten Vertiefungen in

6 Durch Schwerpunktsetzungen sind auch mehr ECTS möglich.

7 BGBL 323/1975

8 BGBL 546/1993

9 BGBL 185/2012, Anlage 1

10 https://www.derstandard.at/story/2000036213673/lehrer-gegen-zusammenlegung-von-technischem-und-textilem-werken, abgerufen am 23.05.2023

Themen schier unmöglich würden. 2017 wurde ein neuer Lehrplan für das kombinierte Fach „Technisches und Textiles Werken"[11] nun für alle Schultypen verpflichtend für die Schulstufen 5 – 8 verordnet und auch die Lehramtsbildung wurde umgestellt. Im Lehrplan 2017 wurden technische und textile Inhalte in einigen Bereichen miteinander verbunden und es wurde nach Synergien gesucht, sowie die digitale Bildung im Fach verankert. Nach einigen Jahren der Übergangsfrist wird spätestens seit Herbst 2021 auch an allen Allgemeinbildenden Höheren Schulen in den Schulstufen 5 bis 8 das kombinierte Fach „Technisches und textiles Werken" verpflichtend für alle Schüler:innen unterrichtet.

Bis zur Zusammenführung in der Sekundarstufe, standen die Einzelfächer in der Kritik, dem Prinzip der Gleichstellung der Geschlechter[12] nicht gerecht zu werden, denn trotz Wahlmöglichkeit zwischen den Fächern ab 1987 bzw. 1993, wählten Jungen hauptsächlich „Technisches Werken" und Mädchen „Textiles Werken" (Sutterlüti, 2009). Vorherrschende stereotype Geschlechterzuschreibungen, subsumiert mit den Denkweisen „Technik ist männlich" und „Textil ist weiblich", konnten nicht beseitigt werden.

Die Zusammenführung der einstigen Einzelfächer zu einem kombinierten Fach bei gleichbleibender Stundentafel bedeutete einen großen Umdenk- und Neuorganisationsprozess, der nicht immer friktionsfrei vonstatten ging. Aus vielen persönlichen Berichten der Fachcommunity (von Lehrer:innen während Tagungen und Weiterbildungsveranstaltungen, aus Gesprächen mit Arbeitsgruppenleiter:innen, Fachgruppenkolleg:innen und Fachinspektor:innen) ging hervor, dass in der Umsetzung mit anhaltend vielen Schwierigkeiten in der Organisation zu kämpfen war. Durch die Verdichtung der Inhalte und die dafür viel zu knapp bemessene Zeit fühlten sich Lehrer:innen massiv in ihren Möglichkeiten eingeschränkt. Der fusionierte Lehrplan stellte für den Großteil der Lehrer:innen an Mittelschulen und AHS eine große Herausforderung dar, da sie meist nur in einem der alten Fächer ausgebildet waren, nun eine größere Themenbreite abgedeckt und digitale Technolo-

11 BGBl II 337/2017

12 Konventionen der Vereinten Nationen 1982: *Beseitigung jeder Art stereotyper Rollenauffassung* von Mann und Frau auf allen Erziehungsebenen

gien integriert werden sollten. Modelle mit wöchentlichem oder semesterweisem Wechsel zwischen technischem und textilem Werken sind aufgrund der unterschiedlichen Expertisen der Lehrenden nach wie vor anzutreffen und auch durch die unterschiedlichen Inhalte sowie dem vorhandenen Equipment in den Werkstätten bedingt.

In den Mittelschulen – teilweise auch in den AHS – unterrichten viele sogenannte „fachfremde" Lehrer:innen, die keine Fachausbildung in „Werken" absolviert haben und trotzdem durch Dienstzuteilung das Fach unterrichten. Hinzu kommt noch die teilweise mangelhafte Ausstattung der Werkräume und die räumliche Distanz zwischen den Fachwerkräumen. Sehr erschwerend für zeitgemäßen Werkunterricht wird auch die Aufhebung der verpflichtenden Teilungszahlen wahrgenommen. Obwohl es sicherheitstechnische Vorgaben gibt, werden diese, nach Berichten der Fachcommunity, mancherorts umgangen. Mit Gruppengrößen in Gesamtklassenstärke ist es unmöglich den sicherheitstechnischen Anforderungen gerecht zu werden und individualisierten, differenzierten Unterricht anzubieten. „Abgespeckter" Unterricht ist die Folge.

Die aktuelle Stundentafel für das Fach „Technik und Design" der Schulstufen 5 bis 8 sieht vor, den Unterricht nach schulautonomen Maßgaben anzubieten – was aber in der Fachcommunity als sehr problematisch wahrgenommen wird:

- Mittelschulen[13]: gesamt 8 Wochenstunden aufgeteilt z. B. in je 2 WST pro Jahr (jedoch mindestens 6 – schulautonome Bestimmungen)
- AHS[14]: gesamt 4 – 8 Wochenstunden aufgeteilt in 4 Jahren je nach Schulschwerpunkt (jedoch mindestens 3 – schulautonome Bestimmungen)
  (Siehe dazu Kapitel „Bildungsmangel"!)

13 BGBl II Nr. 1, Anlage 1 zu Art. 3
14 BGBl II Nr. 1, Anlage A zu Art. 4

Probleme der Lehrer:innenausbildung

Auf Ebene der Lehramtsausbildung an den Hochschulen und Universitäten war durch die Fusionierung der Fächer in der Curriculumsentwicklung und der Lehre ein großer Umdenkprozess nötig. Hinzu kam im Jahr 2015 noch die Umstellung der gesamten Pädagog:innenbildung (BMBWF, 2017) auf das Bachelor- und Mastersystem und die Verlängerung der Ausbildung auf 12 Semester sowie die Organisation der Lehramtsausbildung in Clustern. Das Studium für das Unterrichtsfach „Technisches und textiles Werken" umfasst 97 ETCS Workload im Bachelor und 18 ECTS im Masterstudium. Die Entwicklung der Curricula gemeinsam mit den unterschiedlichen Institutionen (einstigen „Konkurrenten") war dementsprechend herausfordernd. Trotzdem war der allgemeine Konsens spürbar, darauf Wert zulegen, traditionelle und innovative Konzepte miteinander zu verbinden, neben analogen vermehrt digitale Technologien zu implementieren, interdisziplinäre und phänomenorientierte Fragestellungen zu etablieren und zu fördern. Erste Bachelor-Absolvent:innen sind seit 2020 in den Schulen im Einsatz. Das Masterstudium absolvieren diese hauptsächlich berufsbegleitend.[15] Viele Studierende steigen bereits auch vor Abschluss des Bachelorstudiums ins Berufsleben ein, was eine nicht unproblematische Entwicklung für den Studienablauf und oft eine Überforderung für die Studierenden darstellt. Eine Überarbeitung der Curricula und eine Kürzung der Lehramtsausbildung um ein ganzes Jahr stehen im Raum (Stand Juni 2023).[16]

Technik und Design – wie kam es zu dieser Fachbezeichnung?

Bereits ab 2018 wurden, nach Anordnung des Bildungsministeriums, sämtliche Lehrpläne für die Schulstufen 1 bis 8 überarbeitet. (Andraschko, 2022) Auch der erst 2017 verordnete Lehrplan für „Technisches und textiles Werken" musste nochmals überarbeitet werden. Die neue fachliche Ausrichtung geht mit dieser Überarbeitung und

15 Beobachtungen der Fachgruppen OÖ und Salzburg

16 https://www.derstandard.at/story/2000138980154/lehrerausbildung-polaschek-laesst-kuerzeren-bachelor-pruefen, abgerufen am 23.05.2023

mit der Umbenennung des Unterrichtsfaches einher. Die Namensgebung war im Vorfeld schwierig. In den fertigen Entwürfen wurde von der Lehrplangruppe die inhaltliche Ausrichtung auf *Design und Technik* festgelegt und auch als Fachname vorgeschlagen. Nur nach Intervention[17] der österreichischen Kunstuniversitäten und vielen Pädagogischen Hochschulen sowie des Berufsverbandes für Kunst- und Werkpädagog:innen (BÖKWE) und anderen aktiven Vertreter:innen der Fachcommunity, die sich allesamt für die Fachbezeichnung *Design und Technik* stark machten, wurde der in den Medien bereits kolportierte und vom damaligen Bildungsminister Faßmann befürwortete Fachname *Technik und Werken* (ORFred, 2021) nochmals revidiert. Schließlich wurde *Technik und Design* als Fachname für die Schulstufen 1 bis 8 verordnet. Der Name hat große Bedeutung für die Identität des Faches. Die Lehramtsbildung für dieses Fach ist für die Schulstufen 1 bis 4 an den Pädagogischen Hochschulen, für die Schulstufen 5 bis 8 an den Kunstuniversitäten im Verbund mit Pädagogischen Hochschulen verankert und nicht etwa an Technischen Universitäten. Mit der Fachbezeichnung *Technik und Werken* wäre der wichtige gestalterische Fokus nicht transportiert worden.

Mit dem 2023 verordneten Fachlehrplan „Technik und Design" werden widersprüchliche Zuordnungen und Auffassungen, was unter dem „technischen" und dem „textilen" Werken zu verstehen sei, ad acta gelegt. Die alte Fachbezeichnung suggeriert schon allein im Titel, dass „textil" nichts mit Technik zu tun habe, was nicht der Realität entspricht. In der Praxis muss sich das neue Fachverständnis jedoch erst etablieren und ein ausgedehnter Diskurs über die tradierten und aktuellen Begrifflichkeiten und ihren Bedeutungen geführt werden.

Bei der Entwicklung des Lehrplans „Technik und Design" der Schulstufen 5 bis 8 wurde der Lehrplan 2017 (BGBl. II Nr. 337/2017, 2017) als Vorlage herangezogen und fachliche Konzepte überarbeitet, um ein noch klareres Profil herauszukristallisieren. Unter anderem wurden vergleichend dazu der Schweizer Lehrplan 21 für Textiles und Technisches Gestalten (Deutschschweizer Erziehungsdirek-

17 Die Stellungnahme vom Februar 2021 an den damaligen Bildungsminister Heinz Faßmann liegt der Autorin vor.

toren-Konferenz, 2016), die Standards für Technikbildung (ITEEA International Technology and Engeenering Educators Association, 2007), der britische Lehrplan Design and Technology (Department for Education, 2015) und die Publikationen zu Technik und Design von Stuber (Stuber & et al, 2018) analysiert.

Die neuen österreichischen Lehrpläne „Technik und Design" der Schulstufen 1 bis 4 und 5 bis 8 (BGBl. II Nr. 1/2023) wurden am 2. 1. 2023 verordnet. Kurze Zeit später folgten ausführliche Kommentare zum Lehrplan (Hackl et al., 2023; Walser et al., 2023), die im Auftrag des Ministeriums von Expert:innen verfasst wurden, mit dem Ziel, Inhalte näher zu erklären und Hinweise zur praktischen Umsetzung zu geben.[18]

„Technik und Design" – was ist neu?

Die Struktur der Lehrpläne ist gegenüber den Vorgänger-Lehrplänen gestrafft worden. Generell sind die Formulierungen durchgehend auf das Wesentliche reduziert und relevante Inhalte sehr verdichtet beschrieben, sodass der Lehrplan für die Primarstufe fünf Seiten, der für die Sekundarstufe I für die Mittelschule bzw. AHS sechs Seiten umfasst. „Technisches Werken" und „Textiles Werken" sind als Begriffe verschwunden. An ihre Stelle treten Technik und Design, die nun als theoretische Grundlage fungieren. In den Lehrplänen wird die Verbindung zwischen Technik und Design in vielen Bereichen der Lebensbewältigung und Lebensgestaltung explizit vorangestellt. Was unter Technik und Design verstanden wird, wird für die Volksschule so beschrieben:
„Design ist als Gestaltungs- und Problemlösungsprozess vom Entwurf bis zur Entwicklung von Gegenständen und Systemen zu verstehen. Technik meint alle vom Menschen hergestellten funktionellen Gegenstände, deren Produktion und An- bzw. Verwendung." (BMBWF, 2023a, S. 1)

Für die Sekundarstufe I ist die Definition etwas komplexer formuliert und hat den gesamten Lebenszyklus von Produkten im Blick:

18 Sämtliche österreichischen Lehrpläne 2023 und Kommentare zu den Lehrplänen folgen den Strukturvorgaben des Ministeriums.

„Design ist als ganzheitlicher Gestaltungs- und Problemlösungsprozess zu verstehen. Der Prozess berücksichtigt bereits im Entwurf alle Schritte des Lebenszyklus: Entwicklung von Systemen und Gegenständen, Herstellung, Recycling, Abbau oder Entsorgung. Zur Technik gehören Produkte oder Sachsysteme und alle Prozesse und Handlungen (Verfahren, Fertigkeiten), in denen diese entstehen, verwendet und entsorgt werden." (BMBWF, 2023b, S. 1)

Diese Definition ist bemerkenswert und zukunftsorientiert, wird dabei doch der gesamte Produktkreislauf in allen seinen Phasen bedacht, um der vorherrschenden Wegwerfmentalität entgegen zu wirken. Die Fokussierung auf Technik und Design steckt die Fachbereiche klarer ab und macht auch implizit deutlich, dass im vormals „Technischen und textilen Werken" bereits die Bereiche Design und Technik in vielen Bereichen verankert war, jedoch bisher nicht so klar herausgearbeitet wurden. Handlungsorientierung, forschende und experimentierende, kreative Prozesse werden hervorgehoben. Als didaktisches Prinzip wird (wie im Lehrplan 2017 Sek I) der Dreischritt *Entwicklung, Herstellung* und *Reflexion* zugrunde gelegt und jeweils die zu erreichenden Kompetenzen und verpflichtenden Anwendungsbereiche pro Schulstufe genannt. Darüber hinaus werden noch erweiterte Anwendungsbereiche angeführt, die, wie im Kommentar zum Lehrplan der Sek I erklärt wird, weitere Möglichkeiten bieten, Inhalte zu bearbeiten. Durch themenübergreifende Aufgabenstellungen ergeben sich diese ohnehin oft von selbst. (Hackl et al., 2023) Die Schüler:innen sollen durch entsprechende Aufgabenstellungen zum selbsttätigen und selbstständigen Arbeiten angeregt und zum Reflektieren darüber ermutigt werden.

Als Repräsentanten der materiellen Kultur werden Materialien, Werkzeuge, Maschinen und Verfahren genannt, die für den Unterricht in der Schule relevant sind. Darunter befinden sich auch digitale Verfahren und digital ansteuerbare Geräte. Für den Primarstufenbereich werden „Microcomputer (ein- und verarbeiten) und Programmieren" genannt. Wobei das Programmieren im Sinne von Handlungsanweisungen erstellen, ein Heranführen an die Logik des Programmierens darstellt. Für die Sekundarstufe I sind eine ganze Reihe an digitalen Verfahren und Geräten aufgelistet (so auch bereits im Lehrplan 2017). Die digitale Bildung wird im Lehrplan „Technik und Design" integriert und anwendungsorientiert gefordert. Analoge und digitale Verfahren sind einzusetzen und miteinander zu verschränken. Dazu gibt es im Lehrplankommentar ein eigenes Kapitel. Unter dem Punkt „Problemzonen" wird in einem weiteren Artikel dieser Publikation nochmals auf das Thema Digitalisierung eingegangen. (Siehe: S. 153-160)

1. Besonderheiten / Neuerungen für die Schulstufen 1 bis 4

Die fachliche Neuausrichtung des Lehrplans scheint in der Volksschule am markantesten zu sein, da der Lehrplan seit 2007 nicht geändert wurde und es dadurch auch keine Zwischenschritte der fachlichen Fusion gab. Allerdings liegt der Vorteil in der Volksschule darin, dass Kinder ohnehin die Fachinhalte beider Bereiche (technisch und textil) lernten und diese Bereiche sehr häufig von den Klassenlehrer:innen selbst unterrichtet wurden und werden. Die Herausforderung ist nun, das neue Fachverständnis zu integrieren.

Dass Aufgabenstellungen sowohl von Lehrer:innen als auch von Schüler:innen formuliert werden können, wie im Lehrplan zu lesen ist, zeugt von einer ermächtigenden Haltung, die Kinder mit und in ihren Vorstellungen und Ideen unterstützen soll. Explizit wird auch gefordert, dass unterschiedliche Lösungswege, Ergebnisse sowie Sozialformen zu ermöglichen sind. Das fördert die Kreativität, erlaubt Vielfalt und schließt fertige Bausätze aus. (BMBWF, 2023a, S. 1) Dieser Passus, dass fertige Bausätze (Werkpackungen) weitgehend ausgeschlossen sind, findet sich bereits im Lehrplan 2007 und auch im Lehrplan der Sekundarstufe I. Zum Lehrplan der Schulstufe 1 bis 4 gibt es einen Kompetenzraster, der noch genauer pro Schulstufe regelt, welche Kompetenzen erreicht werden sollen. (BMBWF, 2023b)[19] Wie hilfreich diese Kompetenzraster sind, wird sich weisen. Möglicherweise stiften sie zunächst mehr Verwirrung als sie helfen. Ein Detail dazu am Rande: Im Kompetenzraster der Schulstufe 1 und 2 ist trotz Anführung der Kompetenz zur Anwendung der Fachsprache erstaunlicherweise nichts weiter ausgeführt. Man lässt die Leser:innen im Unklaren, obwohl die Anwendung der Fachsprache aufgelistet ist und im Lehrplan und im Kommentar zum Lehr-

---

19 Lehrplan, Kompetenzraster sowie Best-Practice-Beispiele können auf der vom Ministerium eingerichteten Homepage https://paedagogikpaket.at/massnahmen/lehrplaene-neu/materialien-zu-den-unterrichtsgegenst%C3%A4nden.html abgerufen werden.

plan die Wichtigkeit der Fachsprache mehrfach erwähnt und besprochen wird.

2. Besonderheiten / Neuerungen für die Schulstufen 5 bis 8

Im Vorgängerlehrplan „Technisches und textiles Werken" 2017 (BGBl. II Nr. 337/2017, 2017) wurden die Inhaltsbereiche in *Technik, Körper* und *Raum* gegliedert. Diese Aufteilung wurde im Vorfeld kontrovers diskutiert, weil Zuordnungen nicht logisch erschienen. Design wurde als Inhaltsbereich damals nicht benannt, jedoch sollte über den Designprozess erkannt, erprobt und verstanden werden, wie der Mensch die Welt prägt. Im neuen Lehrplan gibt es diese Aufteilung nicht mehr und die Fokussierung auf Technik und Design steckt die Bereiche klarer ab. Deren Inhalte werden nun sowohl in den zentralen fachlichen Konzepten widergespiegelt wie auch durch die Nennung der Materialien, Werkzeuge, Geräte, Maschinen und Verfahren. Durch die Auflistung der verpflichtenden und erweiterten Anwendungsbereiche wird deutlich, welche Ausprägungen der Unterricht in Technik und Design haben wird.

Es wird sowohl im Lehrplan 2017 wie auch im Lehrplan 2023 auf Erkenntnis-, Kompetenz- und Wissensgewinn hingewiesen. (BMBWF, 2023c, S. 1; BGBl. II Nr. 337/2017, 2017) Das kann als klare Positionierung verstanden werden, um zu signalisieren, dass es in diesem Fach, das im Fächerkanon nicht als sogenanntes Wissensfach gilt, natürlich auch um Wissensvermittlung, Wissenserwerb und Generierung von Wissen geht und unterstreicht damit die Bedeutung des Faches.

Neu im Lehrplan wird die Technikmündigkeit erwähnt: *„Forschende, experimentierende und kreative Prozesse sowie die Gestaltung und Herstellung von funktionalen Produkten ermöglichen Technikmündigkeit, Interesse an Innovation und nachhaltiges Handeln."* (BMBWF, 2023c) Was unter Technikmündigkeit verstanden wird, wird nicht erläutert. Es fehlt als Pendant dazu die Designmündigkeit. Im Lehrplankommentar wird darauf eingegangen.

Hilft der Lehrplankommentar?

Begriffe und Zusammenhänge, die im Lehrplan selbst nur kurz erwähnt werden, werden im Lehrplankommentar (Hackl et al., 2023; Walser et al., 2023) genauer erklärt.

Im Kommentar zum Lehrplan der Schulstufen 5 bis 8 wird neben der Definition von Technik des Vereins Deutscher Ingenieure (VDI 2009)[20] die Bedeutung von Technik und Design hervorgehoben. Auch der Begriff Technikmündigkeit wird erklärt und ergänzt durch die Designmündigkeit.

„Technikmündigkeit bedeutet, ein Verständnis für die kulturellen, sozialen, wirtschaftlichen und politischen Auswirkungen von Technik auf die Umwelt, für die Rolle der Gesellschaft in Hinblick auf die Entwicklung und den Gebrauch von Technik sowie für den Einfluss von Technik auf die Geschichte zu erlangen.“ (Hackl et al., 2023, S. 3f)

Bei der Definition von Design stützt sich der Lehrplankommentar auf den an der Universität Vechta lehrenden Professor und Designpädagogen June Park, der die bildungswissenschaftliche Bedeutung von Design herausgearbeitet hat (Park, 2019): Design formt Gestalt, denn es werden Fragen zur passenden Form/Gestalt sowie deren ästhetischen Anmutung geklärt. Design formt Handlung, denn wie Produkte gestaltet werden, hat Einfluss auf deren Herstellung und Benutzung. Design formt Haltung, weil ästhetische, technische, ökonomische, ethische und ökologische Aspekte in die Gestaltung mit einfließen und somit Werthaltungen zum Ausdruck bringen.

„Designmündigkeit bedeutet ein Verständnis dafür zu erlangen, wie durch Technik und Design Probleme gelöst und Bedürfnisse befriedigt werden können, wie Designentscheidungen auf Handlungsabläufe wirken, wie durch Design die eigene Wahrnehmung beeinflusst bzw. durch Irreführung manipuliert werden kann, wie sich Designentscheidungen auf Kaufentscheidungen und in der Folge auf ökologische, ökonomische, ethische und soziale Aspekte auswirken, wie Designs zur Kommunikation von Werten, Images und Styles beitragen.“ (Hackl et al., 2023, S. 4)

In einer Grafik wird gezeigt, wie ein Ding/Raum/Artefakt/Phänomen als Teil der materiellen Kultur, mit dem Umfeld verzahnt ist.

20 Verein Deutscher Ingenieure VDI.2000-09. *VDI-Richtlinie 3780.* https://www.vdi.de/richtlinien

Ein Ding wirft Fragen auf, Fragen, die aus den Blickwinkeln der zentralen fachlichen Konzepte Produkt und Produktion, Mensch und Umwelt, Arbeits- und Lebenswelt jeweils anders aussehen. Eine Liste solcher Fragen ist im Kommentar angeführt. Sie machen deutlich, wie verschränkt diese Bereiche miteinander sind und wie Entscheidungen zur Gestaltung und Herstellung eines Produkts viele andere Entscheidungen mit beeinflussen. In kompetenzorientierten Aufgabenstellungen sollen diese Fragen bewusst gemacht und bearbeitet werden.

Produkt und Produktion:

- Wie werden Artefakte/Dinge/Produkte/Räume entwickelt, geplant, entworfen, produziert, verwendet, entsorgt, recycelt? Wer nutzt sie?
- Welches Problem soll gelöst werden?
- Welche Bedürfnisse werden gestillt bzw. kreiert?
- Wie kommt man zu Ideen, Lösungen, Innovationen?
- Welche Gestaltungskriterien werden angewendet und warum?
- Welche Technologien, Herstellungsverfahren, Materialien, Werkzeuge kommen zum Einsatz?
- Wie wirken diese Aspekte zusammen?

Mensch und Umwelt:

- Welche Auswirkungen haben Artefakte/Dinge/Produkte/Räume auf den Menschen und die Umwelt?
- Wie wirken sich Entscheidungen in Bezug auf Materialwahl, Herstellungsverfahren, Produktion auf den Menschen und die Umwelt aus?
- Welche alternativen, sozial- und umweltverträglichen Materialien und Verfahren gibt es?
- Wie erkennt man diese (Zertifikate, Lieferkette, CO_2-Fußabdruck, Bezugsquellen)?

- Welche Umweltprobleme verursachen Artefakte/Dinge/Produkte/Räume und deren Produktion?

Mensch und Arbeitswelt:

- Wie wird Arbeit und Produktion organisiert (Arbeitsplanung, Arbeitssicherheit, Wirtschafts- und Unternehmensethik, Handwerk, Kunsthandwerk, Dienstleistung, industrielle Fertigung)?
- Welche sozialen und ökonomischen Auswirkungen hat die Produktion von Artefakten/Dingen/Produkten/Räumen?
- Welche Einflüsse haben vergangene, gegenwärtige und zukünftige (materielle) Kulturen auf die Entwicklung und Herstellung von Artefakten/Dingen/Produkten/Räumen?

Tabelle: Fragenkatalog zu den zentralen fachlichen Konzepten (Hackl et al., 2023, S. 6)

Um diese Verknüpfung der zentralen fachlichen Konzepte mit den didaktischen Schritten und den Anwendungsbereichen besser verständlich zu machen, werden Unterrichtsbeispiele angeführt. Diese Beispiele machen deutlich, wie der Unterricht in „Technik und Design" gedacht ist, der an aktuellen Fragestellungen orientiert ist, das selbstständige Denken und Handeln von Kindern und Jugendlichen aktiviert, kreative und handwerkliche Kompetenzen ausbildet und an komplexe Zusammenhänge heranführt.

„Technik und Design" & fächerübergreifende Kompetenzen

Im allgemeinen organisatorischen Teil der Lehrplanverordnung ist vermerkt, dass ein wesentlicher Anspruch darin besteht, dass fächerübergreifende Kompetenzen und vernetztes Lernen über die fachspezifischen Grenzen hinaus unterstützt werden sollen. Fächerübergreifende Kompetenzen werden durch fächerübergreifende Themen erworben. Dazu gehören Bildungs-, Berufs- und Lebensorientierung; Entrepreneurship Education; Gesundheitsförderung; Informatische Bildung; Interkulturelle Bildung; Medienbildung; Politische Bildung; Reflexive Geschlechterpädagogik und Gleichstellung; Sexualpädagogik; Sprachliche Bildung und Lesen; Umweltbildung für nachhaltige Entwicklung; Verkehrs- und Mobilitätsbildung; Wirtschafts-, Finanz- und Verbraucher/innenbildung. (BGBl. II Nr. 1/2023, 2023, S. 16)

In der Primarstufe, aber auch in der Sekundarstufe I bietet sich „Technik und Design" für die meisten der oben genannten fächerübergreifende Themen durch die Vielfältigkeit der Bereiche sehr gut an. Die Herausforderung besteht darin, die Anknüpfungspunkte zu anderen Fachbereichen herzustellen und dabei den Fokus auf „Technik und Design" beizubehalten.

Very new: Entrepreneurship Education

Wie den allgemeinen Ausführungen des Lehrplans zu entnehmen ist, wird Entrepreneurship[21] als Schlüsselkompetenz definiert und „*umfasst drei Bereiche: Entwicklung innovativer Ideen und deren strukturierte Umsetzung, Persönlichkeitsentwicklung und die Befähigung dazu, eigeninitiativ zu sein, an sich zu glauben, empathisch und teamfähig zu agieren sowie sich selbst und anderen Mut zu machen, Verantwortung für sich, andere und die Umwelt zu übernehmen*". (BGBl. II Nr. 1/2023, 2023, S. Anlage 1 S. 9) Dazu passen unter anderem folgende Zitate aus dem Lehrplan „Technik und Design": „*Die Entwicklung von Selbstkompetenz, Eigenverantwortung, Kooperationsbereitschaft, Kommunikations- und Teamfähigkeit wird gezielt gefördert.*" (BMBWF, 2023a, S. 1) „*Selbstständiges, reflektierendes Denken und Tun fördern die Orientierung in der sich wandelnden hochtechnisierten, digitalisierten Lebens-, Arbeits- und Wirtschaftswelt.*" (BMBWF, 2023c, S. 1)

„Technik und Design" & MINT

In Österreich werden seit längerem die sogenannten MINT-Fächer (Mathematik, Informatik, Naturwissenschaft und Technik) forciert und Schulen können Schwerpunkte in diesem Bereich setzen (BGBl. II Nr. 1/2023, 2023). In den USA geht man beispielsweise seit einigen Jahren dazu über Kunst und Design in diese MINT-Fächer (engl. STEM) zu integrieren, um mehr Kompetenzen im Bereich der

21 Laut Europäischem Referenzrahmen für lebenslanges Lernen Brüssel KOM-05-548

Kreativität und Innovationsfähigkeit auszuprägen und man spricht von STEAM education[22] (Allina, 2018). Mittlerweile gibt es auch in Europa einige Initiativen in diese Richtung. (Stati Genrali dell'Innovatione et al., 2021)

In den österreichischen Schulen mit MINT-Schwerpunkt liegt es an den Direktor:innen und Lehrer:innen, im Fach „Technik und Design" solche Dimensionen mitzudenken und zu integrieren. Allerdings birgt dies auch die Gefahr, dass mit dem starken Fokus auf MINT in Verbindung mit „Technik und Design" eventuell traditionelle Kulturtechniken, als weniger wichtig erachtet werden und zu Gunsten von MINT-Inhalten „unter den Tisch fallen". Möglicherweise liefert aber gerade die wissenschaftlich orientierte Sichtweise der MINT-Fächer schon jetzt die Argumente dafür, warum es sehr wohl Sinn macht, traditionelle Kulturtechniken zu erlernen!

Zum Beispiel Stricken: Technische Gestricke werden industriell mit verschiedenen Fasern (Glasfasern, Kohlefasern, Mineralfasern, Naturfasern, metallischen Fäden uvm.) für unterschiedliche Branchen wie Möbel, Gesundheit/Medizin, Textilherstellung, Industrie und Bau hergestellt. Die Entwicklung von technischen Gestricken ist ein hoch innovatives Feld, an dem gemeinsam in vielen Teildisziplinen ständig weiter geforscht wird.[23] Durch technische Gestricke können Bearbeitungsprozesse verkürzt werden, denn sie sind durch ihre enorme Flexibilität in Größe und Form äußerst anpassungsfähig.

In der schulischen Auseinandersetzung ist es sinnvoll, sich über die Gewinnung von Fasern und die Herstellung von Fäden zu informieren, die Herstellung auch exemplarisch selbst zu versuchen und Stricken zu erlernen, damit Grundprinzipien der textile Flächenbildung verankert, Eigenschaften getestet und reflektiert werden. Darüber hinaus werden über Designprozesse (Park, 2020) noch viele weitere Dimensionen erschlossen, die weit über die rein naturwissenschaftliche Betrachtung und Bearbeitung des Themas hinausgehen.

22 Science, Technology, Engineering, the Arts and Mathematics as access points for guiding student inquiry, dialogue, and critical thinking.

23 https://www.technische-gestricke.de, https://www.festo.com

„Technik und Design" & Bildung für Nachhaltige Entwicklung (BNE)

Die Bildung für Nachhaltige Entwicklung BNE (UNESCO, 2021) hat zum Ziel, die 17 Nachhaltigkeitsziele (SDGs) (Vereinte Nationen, 2016) international über den Weg der Bildung umzusetzen. Viele Wirtschaftssysteme weltweit sind nach wie vor sehr stark auf das Konsumieren von Dingen ausgerichtet. Angesichts der globalen Krisen ist es wichtig, sich mehr mit der Dingwelt und ihren Auswirkungen auseinanderzusetzen.

Umweltbildung war bereits in den vorangegangenen Lehrplänen verankert und ist es nach wie vor. Die Bildung für Nachhaltige Entwicklung beinhaltet aber einen umfassenderen Ansatz. Eine generelle Orientierung an Nachhaltigkeitszielen, ist durchgängig in den Lehrplänen der Primar- und Sekundarstufe feststellbar. Durch die Berücksichtigung des gesamten Produktlebenszyklus von der Rohstoffgewinnung bis zur Entsorgung oder Wiederverwertung wird eine ganzheitliche Betrachtung ins Zentrum gerückt. Technik- und Designmündigkeit vereint das Bewusstsein sowie das Wissen über Zusammenhänge und Folgen mit der persönlichen Handlungsmacht. Die hinter der Technik- und Designmündigkeit liegenden Kompetenzen korrespondieren weitgehend mit den Schlüsselkompetenzen der Bildung für Nachhaltige Entwicklung (UNESCO, 2017). Eine Förderung der Technik- und Designmündigkeit fördert implizit auch folgende Schlüsselkompetenzen:

- **Kompetenz zum vernetzten Denken***:* die Fähigkeiten, Zusammenhänge zu erkennen und zu verstehen
- **Kompetenz zum vorausschauenden Denken***:* die Fähigkeiten, zukünftige Entwicklungen zu verstehen und zu bewerten; die Konsequenzen von Handlungen zu beurteilen; mit Risiken und Veränderungen umgehen zu können
- **Normative Kompetenz:** die Fähigkeiten, Normen und Werte zu verstehen und zu reflektieren, die den eigenen Handlungen zugrunde liegen; Prinzipien und Ziele im Kontext von Interessenkonflikten und Widersprüchen zu verhandeln
- **Strategische Kompetenz:** die Fähigkeiten zur kollektiven Entwicklung und Umsetzung innovativer Maßnahmen, die Nachhaltigkeit auf lokaler Ebene und darüber hinaus voranbringen

- **Kooperationskompetenz:** die Fähigkeiten, von anderen zu lernen; die Bedürfnisse, Perspektiven und Handlungen anderer zu verstehen und zu respektieren (Empathie), mit Konflikten in einer Gruppe umzugehen; und eine kollaborative und partizipative Problemlösung zu ermöglichen
- **Kompetenz zum kritischen Denken**: die Fähigkeit, Normen, Praktiken und Meinungen zu hinterfragen; die eigenen Werte, Wahrnehmungen und Handlungen zu reflektieren; sich im Nachhaltigkeitsdiskurs zu positionieren
- **Selbstkompetenz**: die Fähigkeit, über die eigene Rolle in der lokalen Gemeinschaft und (globalen) Gesellschaft nachzudenken; kontinuierlich seine Handlungen zu bewerten und sich weiter zu motivieren; sich mit den eigenen Gefühlen und Wünschen auseinanderzusetzen
- **Integrierte Problemlösekompetenz**: die übergreifende Fähigkeit, unterschiedliche Problemlösungen für komplexe Nachhaltigkeitsprobleme anzuwenden; Lösungsmöglichkeiten zu entwickeln, die eine nachhaltige Entwicklung fördern

(UNESCO, 2017, S. 10)

Achtung Bildungsmangel!

So positiv sich der Lehrplan „Technik und Design“ auch darstellt, es könnte sich nach dem Regelwerk für die schulautonome Gestaltung ein Gymnasium entschließen, „Technik und Design“ nur im geforderten Mindestmaß von 3 Wochenstunden in seiner Stundentafel anzubieten. Damit würde das Fach z. B. nur doppelstündig in der Schulstufe 5 und ein Semester in der Schulstufe 6 unterrichtet werden. Das Fach „Technik und Design“ wäre für Kinder im Alter von 11 bis 12 Jahren bereits „erledigt“. Dadurch würden handwerkliche, technische und gestalterische Fähigkeiten nicht mehr weiter ausgebaut. Es würde dieser Altersgruppe eine gravierende Benachteiligung und Ungleichbehandlung zuteil und ein massiver Bildungsmangel wäre die Folge.

Es würden „*Bildungsinhalte aus Technik und Design als wesentlicher Beitrag zur Allgemeinbildung (= Bildung für A l l e) verwehrt. Diese Lücke im Fachwissen, in den fachlichen Fähigkeiten und Fertigkeiten*

erschwert Schüler:innen den Zugang zur Oberstufe erheblich, v.a. zu Berufsbildenden Höheren Schulen wie Höhere Technischen Lehranstalten (HTL), Bildungsanstalten für Elementarpädagogik (BafEp), etc. Gerade im ländlichen Raum, in dem ‚Landkinder' für den Besuch der Unterstufe nur selten zwischen allen Schultypen der Allgemeinbildenden Höheren Schulen in der eigenen Region auswählen können, wird das Fehlen von 8 verpflichtenden Wochenstunden Technik und Design über 4 Klassen (je 2 in den Klassen 1 – 4)[24] *zur eklatanten Benachteiligung.*" (Freiss & Hackl, 2022)
Es wurde daher in der Stellungnahme der Fachgruppe „Gestaltung: Technik.Textil" des Cluster Mitte (ebd.) zum Gesetzesentwurf ein durchgängiger Unterricht von mindestens 2 Wochenstunden während vier Jahren gefordert. Die Stundentafel wurde jedoch nach der Begutachtungsfrist nicht mehr geändert. Der Bildungsmangel setzt sich in der Oberstufe der AHS und in jenen weiterführenden Schulen fort, wo „Technik und Design" oder ähnliche Fächer als wichtiger und wesentlicher Beitrag zur Allgemeinbildung nicht angeboten werden.

Was fehlt? Was könnte mehr hervorgehoben werden?

Nachfolgende Überlegungen betreffen einerseits Themen, die in der Fachcommunity mit Blick auf die Lehrpläne diskutiert werden und andererseits werden Bereiche angeführt, die aus fachlicher Sicht (noch) zu wenig Erwähnung finden.

Verschwindet das Textile?

Immer wieder werden in der Fachcommunity Bedenken geäußert, dass durch das Verschwinden des Wortes „textil" im Fachnamen auch die „textilen" Fachinhalte in „Technik und Design" verschwinden könnten. Schon aufgrund der Orientierung an den zentralen fachlichen Konzepten, der Nennung von Materialien, Verfahren, Geräten, Werkzeugen und der verpflichtenden Anwendungsbereiche ist es schlichtweg nicht möglich, textile Inhalte im Unterricht zu ignorieren. In der Vergangenheit wurden die Möglichkeiten des

24 Anmerkung: Schulstufe 5 bis 8

Textilen mehr in den Designprozessen verankert. Das ist nach wie vor möglich und essenziell. In der Fachauffassung muss jedoch ein Umdenkprozess stattfinden, der die Bedeutung der textilen Inhalte in neuem Licht betrachtet. Allen voran muss die Tatsache, dass in textilen Verfahren sehr viele technische Prozesse verankert sind, ins Bewusstsein gerückt werden.

Worte zur Kreativität

Als Mitverfasserin des Lehrplankommentars für die Schulstufe 5 bis 8, ist die Autorin dieses Artikels für den Inhalt des Kommentars mitverantwortlich. Manche Inhalte konnten aber trotz fundierter Argumentationen leider nicht platziert werden. Schon in der Stellungnahme zur Begutachtung des Lehrplans (Freiss & Hackl, 2022) wurde bemängelt, dass im Lehrplan die kreativen Prozesse zu wenig explizit angeführt wurden und ergänzt werden sollten:

„Um *Kreativität* als Kompetenz, die spezifisch und in hohem Maß in unterrichtlich aufbereiteten Designprozessen erworben wird, zu fördern, wird dem Kompetenzerwerb Kreativität im Lehrplanentwurf *Technik und Design* viel zu wenig Aufmerksamkeit zuteil.

Die Wichtigkeit des Kompetenzerwerbs Kreativität im Fachlehrplan *Technik und Design* wird an drei erzieherischen Momenten (Park, 2019) deutlich, die dem Design entspringen. Der Lehrplanentwurf bildet sie nicht ab. Deshalb soll ihre inhaltliche Darstellung in den Fachlehrplan aufgenommen werden. Es handelt sich dabei um:

- Die Fähigkeit sich in andere hinein versetzen zu können, um Wünsche und Bedürfnisse von Nutzer:innen zu erkennen und für diese etwas zu entwerfen. Sozialkompetenz und Kreativität werden hier miteinander verbunden.
- Die Fähigkeit Probleme zu erkennen und mögliche Lösungen zu finden, somit Zukünftiges zu denken und auszuprobieren. Durch das Befassen mit den vielfältigsten Problemstellungen, durch den Umgang mit Materialien, Techniken, Handwerk, Phänomen uvm. wird der Ideenreichtum der Schüler:innen angeregt, Entwürfe werden erstellt und in gestalterischen Prozessen in die Tat umgesetzt.

- Die Fähigkeit, losgelöst von gewohnten Denk- und Handlungsweisen durch spekulatives Visionieren und ‚Out-of-the-box-Denken' neue ungewöhnliche, innovative Ideen zu entwickeln. Diese Ideen, in einem vorurteilsfreien Setting präsentiert, ausprobiert und diskutiert, eröffnen in *Technik und Design* das Feld für bisher Ungedachtes / Ungemachtes." (Freiss & Hackl, 2022, S. 1)

Informell wurden die Autor:innen des Lehrplankommentars in Kenntnis gesetzt, dass seitens des Ministeriums an einem Erlass gearbeitet wird, der die Kreativitätsbildung als Bildungsprinzip verankern soll.

„Technik und Design" – eine sehr wichtige Stellschraube im komplexen Gebilde

Mit Blick auf die materielle Kultur der Menschen wird deutlich, dass die Dinge, die wir erfinden, entwickeln, herstellen, gebrauchen und entsorgen, großen Einfluss auf ökologische, wirtschaftliche und soziale Gefüge haben und dass dieser Einfluss mit vielen komplexen und globalen Problemen behaftet ist. Damit gegenwärtige und zukünftige Entscheidungen informiert und verantwortungsvoll entlang der Nachhaltigkeitsziele getroffen werden können, ist es wichtig, das Bewusstsein über die Wirkmacht der Dinge zu fördern und Design- und Technikmündigkeit auszubilden. Bildung als wichtiger „Player" für gesellschaftliche Transformationsprozesse ist jedoch dem Kreuzfeuer verschiedenster Interessensgruppen ausgesetzt und in Österreich häufig von Einsparungsmaßnahmen und derzeit vom Lehrer:innenmangel geprägt. In diesem komplexen und globalen Spannungsfeld sind Schlüsselkompetenzen im Sinne der Bildung für nachhaltige Entwicklung auf allen Ebenen, vor allem jedoch auf Ebene der Entscheidungsträger, mehr denn je gefragt.

Der neue österreichische Lehrplan „Technik und Design" für die Primarstufe und Sekundarstufe I ist eine unter vielen, aber eine sehr wichtige Stellschraube im komplexen Gebilde und kann einen Beitrag zu mehr Bildung für nachhaltige Entwicklung leisten.

Literatur

Allina, B. (2018). The development of STEAM educational policy to promote student creativity and social empowerment. *Arts Education Policy Review, 119*(2), 77–87. https://doi.org/10.1080/10632913.2017.1296392

Andraschko, M. (2022, Juli 11). *Neue Lehrpläne gehen in Begutachtung.* Schule.at | Das Bildungsportal. https://www.schule.at/bildungsnews/detail/neue-lehrplaene-gehen-in-begutachtung

BGBl. II Nr. 1/2023, (2023)

BMBWF (2023a). *Lehrplan Technik und Design Volksschule.* https://paedagogikpaket.at/massnahmen/lehrplaene-neu/materialien-zu-den-unterrichtsgegenst%C3%A4nden.html

BMBWF (2023b). *Lehrplan Technik und Design Sekundarstufe 1.* h https://paedagogikpaket.at/massnahmen/lehrplaene-neu/materialien-zu-den-unterrichtsgegenst%C3%A4nden.html

BMBWF (Hrsg.) (2023c). *Pädagogikpaket. Lehrpläne und Kommentare.* https://paedagogikpaket.at/massnahmen/lehrplaene-neu/materialien-zu-den-unterrichtsgegenst%C3%A4nden.html

BGBl. II Nr. 337/2017, (2017).

Department for EducationBMBWF (2015). *Design and technology. GCSE subject content.*

Deutschschweizer Erziehungsdirektoren-Konferenz (2016). *Textiles und Technisches Gestalten, Lehrplan 21.* https://v-fe.lehrplan.ch/lehrplan_printout.php?k=1&ekalias=0&fb_id=7&f_id=2

Freiss, E., & Hackl, I. (2022). *Stellungnahme der Fachgruppe Gestaltung: Technik. Textil des Clusters Mitte zum Gesetzesentwurf des neuen Lehrplans Technik und Design.*

Hackl, I. M., Lausegger, E., & Thallner, A. (2023, März 21). *Kommentar zum Lehrplan Technik und Design Schulstufe 5-8.* https://paedagogikpaket.at/component/edocman/413-kommentar-zum-lehrplan-2/download.html?Itemid=0

Hahn, H. P. (2005). Dinge des Alltags – Umgang und Bedeutungen. Eine ethnologische Perspektive. In: *Alltagsdinge. Erkundungen der materiellen Kultur* (S. 63–80). TÜBINGER VEREINIGUNG FÜR VOLKSKUNDE E. V.

Hardy, B. L., Moncel, M.-H., Kerfant, C., Lebon, M., Bellot-Gurlet, L., & Mélard, N. (2020). Direct evidence of Neanderthal fibre technology and its cognitive and behavioral implications. *Scientific Reports, 10*(1), Article 1. https://doi.org/10.1038/s41598-020-61839-w

ITEEA International Technology Educators Association (2007). *Standards for Technological Literacy, Content for the Study of Technology* (3. Auflage). International Technology Education Association.

Korff, G. (2005). Sieben Fragen zu den Alltagsdingen. In: *Alltagsdinge. Erkundungen der materiellen Kultur* (S. 29–42). TÜBINGER VEREINIGUNG FÜR VOLKSKUNDE E. V.

Lichtenstein, C. (2021). *Die Schwerkraft von Ideen: Eine Designgeschichte: Band 1*. Bauverlag.

ORF red, oesterreich ORF.at/Agenturen (2021, April 20). *Schuljahr 2023/24 bringt neue Lehrpläne.* oesterreich.ORF.at. https://oesterreich.orf.at/stories/3100030/

Park, J. H. (2019). Design und Designpädagogik: Eine design- und bildungswissenschaftliche Betrachtung. In: *Entwerfen, Lernen, Gestalten – Zum Verhältnis von Design und Lernprozessen*. Transcript.

Park, J. H. (2020). *Designwissenschaft trifft Bildungswissenschaft*. kopaed.

Stati Genrali dell'Innovatione (Italy), Reginal Directorate of Pramary and Secondary Education (Greece), Colctic (Spain), Fundatia EOS (Romania), Helliwood media and education (Germany), All Digital (Belgium, & Institouto Technologias Ypologiston (Greece) (2021).

STEAM on EDU. Competence Development of STE(A)M educators through online tools and communities. Erasmus plus EU. STEAMonEDU – 612911-EPP-1-2019-1-EL-EPPKA3-PI-FORWARD

Stuber, T., & et al. (2018). *Technik und Design, Lernheft 2. Und 3. Zyklus* (1., Auflage). hep verlag.

Sutterlüti, E. (2009). *Gender am Werk: Herstellungs- und Reproduktionsmechanismen von Geschlecht in den Unterrichtsfächern Technisches und Textiles Werken*. Hochschulschrift, Universität für angewandte Kunst.

Umweltbundesamt (2023). *Gründe Technologie* [Text]. Umweltbundesamt; Umweltbundesamt. https://www.umweltbundesamt.de/tags/gruene-technologie

UNESCO (2017). *Education for Sustainable Development Goals. Learning Objetives*.

UNESCO Digital Library. https://unesdoc.unesco.org/ark:/48223/pf0000247444

UNESCO (2020). *Bildung für nachhaltige Entwicklung: Eine Roadmap-UNESCO Digital Library*. https://unesdoc.unesco.org/ark:/48223/pf0000379488

UNESCO (Hrsg.) (2021). *Bildung für nachhaltige Entwicklung. Eine Roadmap. BNE 2030*. http://creativecommons. org/licenses/by-sa/3.0/igo/

Vereinte Nationen (2022). *Ziele für nachhaltige Entwicklung. Bericht 2022*. https://www.un.org/Depts/german/millennium/SDG-2022-DEU.pdf

Vereinte Nationen (2016). *17 Ziele für nachhaltige Entwicklung, Agenda 2030*. Vereinte Nationen – Regionales Informationszentrum für Westeuropa. https://unric.org/de/17ziele/

Walser, A., Glück, B., Kath, P., & Nagelhofer, R. (2023). *Kommentar zum Fachlehrpan Technik und Design (Volksschule)*. BMBWF. file:///Users/pc1649/Downloads/LP-Kommentar-TuD-Prim.pdf

Marion Starzacher

Das Praxishandbuch „Technik.Design.Werken“

Ein methodisch-didaktisches Tool zur Unterrichtsgestaltung

Der Start

Die Intention, ein Praxishandbuch für das Fach „Technik und Design“, vormals „Technisches und textiles Werken“, mit dem Fokus auf Unterrichtsmaterialien für die Sekundarstufe I herauszugeben, fußt auf der Idee, Pädagog:innen in der Planung und Gestaltung ihres Unterrichts inhaltlich und fachdidaktisch zu unterstützen. Nebenbei sollen mit dem Praxishandbuch die Breite und die Möglichkeiten, was im Unterricht umgesetzt werden kann, aufgezeigt werden. Es geht um Inspiration und Motivation, Neues und Altbekanntes in den Unterricht zu implementieren, um die Freude am Tun und Denken den Schüler:innen näherzubringen. Mit dem Praxishandbuch wurde die Idee umgesetzt, dies mittels bereits mehrfach erprobter Unterrichtsbeispiele aus der Praxis zu zeigen. Erfahrende Pädagog:innen haben ihre entwickelten und umgesetzten Beispiele nach einem vorgegebenen Schema aufbereitet und allen interessierten Pädagog:innen zur Verfügung gestellt. Die grafische Aufbereitung durch Alexandra Schepelmann und die gemeinsame Entwicklung eines Signets für die Sicherstellung der Wiedererkennbarkeit zählen wie der Inhalt zum *Gesamtpaket Praxishandbuch* und sollen eine einfache Handhabung gewährleisten. Die Ausführung als Mappe zeigt die Dynamik des Faches und die Möglichkeit zur Ergänzung mit eigenem Material.

Abb.1 Cover (Foto: A.Schepelmann, Donaugrafik)

Das Grundsätzliche

Die Basis, auf der das Praxishandbuch aufgebaut ist, wird von den Lehrplänen der Sekundarstufenfächer „Technisches und texiles Werken" sowie „Technik und Design" gebildet. Die Herausforderung, die sich während der Arbeit herauskristallisiert hat, war, die Beispiele so auszuwählen, dass sie für alle Bereiche beider Lehrpläne, den noch bis zum Schuljahr 2026/27 auslaufend gültigen Lehrplan „Technisches und textiles Werken" und den ab dem Schuljahr 2023/24 aufsteigend gültigen Lehrplan „Technik und Design", passen.

Die Struktur, die den Lehrplänen zugrunde liegt, ist im Wesentlichen gleichgeblieben und wurde im Lehrplan „Technik und Design" um die „Zentralen fachlichen Konzepte", die den Kern des Faches bilden, ergänzt: Produkt und Produktion, Mensch und Umwelt, Lebens- und Arbeitswelten. Die Dimensionen der Handlungsorientierung, d.h. wie der Unterricht umgesetzt wird, werden mit der praktischen Arbeit, den Materialien, den Werkzeugen, Maschinen und Geräten, den Verfahren und den Sicherheitsbestimmungen beschrieben.

Wichtig ist die Tatsache, dass es hier keine Einteilung in technische und textile Inhalte gibt, sondern alle inhaltlichen Bereiche gleichwertig behandelt werden. Im Lehrplan „Technik und Design" werden die Inhaltsbereiche Körper, Raum und Technik des Lehrplans „Technisches und textiles Werken" durch die Anwendungsbereiche und in weiterer Folge die ergänzenden Anwendungsbereiche, die sich in den Zentralen fachlichen Konzepten, wiederfinden, ersetzt.

In den Infoboxen der einzelnen Bespiele, wo Zielgruppe, Schulstufe, Schwierigkeitsgrad, Dauer und Lehrplanzuordnung kompakt formuliert sind, werden sowohl die Inhaltsbereiche als auch die ergänzenden Anwendungsbereiche genannt, um die inhaltliche Einbettung in den Lehrplänen zu zeigen.

Die Beispiele

In den Beispielen des Praxishandbuchs selbst werden auf die inhaltliche und thematische Vielfalt des Faches „Technik und Design", auf die Verortung der Unterrichtsbeispiele in den Lehrplänen eingegangen und auf die unterschiedlichen Zugänge zu Materialien, Gestaltung, Verfahren, Werkzeugen und Maschinen hingewiesen. Als Gerüst werden die fünf ergänzenden Anwendungsbereiche des Lehrplans – „Bewegung, Mobilität, Mechanik", „Energie, Elektrizität, Elektronik", „Körper, Kleidung, Mode", „Produkt, Objekt, Spiel", „Raum, Bauen, Wohnen" – verwendet und um ein sechstes Kapitel, den „Inspirationen" ergänzt.

Das Kapitel „Inspirationen" ist insofern speziell und wichtig, da Zwischentöne thematisiert werden, die zwar angesprochen werden, aber nicht immer vertiefend wirken – die Bedeutung der Transition (Übergang von einer Schulstufe bzw. Schultype zur nächsten) für das Aufbauen von Kompetenzen über die Schulstufen, die Wichtigkeit der Kreativität für die Problemlösung oder die Vision das Werkfach über alle Schulstufen hinweg anbieten zu können. In diesem Kapitel schreiben Autor:innen über ihre speziellen Zugänge und Themen oder beschreiben, wie Silvia Wiesinger, beispielhafte Aufgabenstellungen für die Primarstufe, um den Sekundarstufenpädagog:innen einen praktischen Einblick in Transition zu bieten.

Zusätzlich, um die Transitionsreihe zu komplettieren, gibt es von Viktoria Taucher ein Beispiel aus der Sekundarstufe II, in der die Lebenswelt von Kindern im Kindergarten thematisiert wird. Erich Reichel bietet mit seinem Beispiel zu außerschulischen Lernorten einen wichtigen Blick über den Tellerrand, der Pädagog:innen ermutigen soll, die Schule zu verlassen, um den Schüler:innen neue Eindrücke zu vermitteln und Berufsmöglichkeiten vorzustellen. Katrin Kober stellt ein Projekt des Wahlpflichtfachs Makerlab in der Sekundarstufe II vor und Claudia Hutterer beschreibt Kreativität als wichtige Fähigkeit in Bezug auf Gestaltungsprozesse und belegt dies mit Beispielen aus ihrer Arbeit in der „KinderJugendKreativitätUni" Linz.

Ein Farbcode zieht sich als Hilfe durch das gesamte Konvolut. Allen Kapiteln sind Farben zugeordnet, ein eigenes Signet wurde entwickelt und die Berufsorientierung sticht ebenfalls durch eine eigene Farbe hervor. Durch diese einfache Struktur wird den Pädagog:innen die Suche nach Beispielen für ihre Jahresplanung erleichtert, denn die Zuordnung ist thematisch organisiert. Im Kapitel „Inspirationen" wird Input zu Kreativität, Fachdidaktik, Transition (von Primar- zu Sekundarstufe I, von Sekundarstufe I zu Sekundarstufe II) und zu Beispielen der Primarstufe geboten.

Konkret werden siebzehn bereits erprobte Unterrichtsbeispiele von erfahrenen Pädagog:innen beschrieben, begleitet von zehn „Testimonials". Dies sind Beiträge zur Berufsorientierung, die die hohe Relevanz von „Technik und Design" in der Berufs- und Arbeitswelt vermitteln. Andrea Liebhart hat die Testimonials mit Unterstützung des Kernteams sowie der beteiligten Unternehmen ausgewählt und aufbereitet. Ein wichtiges Anliegen ist, dass sich die Jugendlichen angesprochen fühlen, und in diesem Sinn sind die Fragen für die Interviews vorbereitet worden.

Die Bandbreite der vorgestellten Unterrichtsprojekte – vom „Schattenspender" bis zur „Roboterhand" – zeigt, dass die dadurch entwickelten Kompetenzen und Fähigkeiten wesentlichen Stellenwert in der Arbeitswelt und im täglichen Leben besitzen. Als weitere Grundlage wird in den Unterrichtsbeispielen auf das facheigene Kompetenzmodell mit den Bereichen „Entwicklung", „Herstellung" und „Reflexion" verwiesen.

Abb.2 Kritzelroboter (Foto: Felix Seidl)

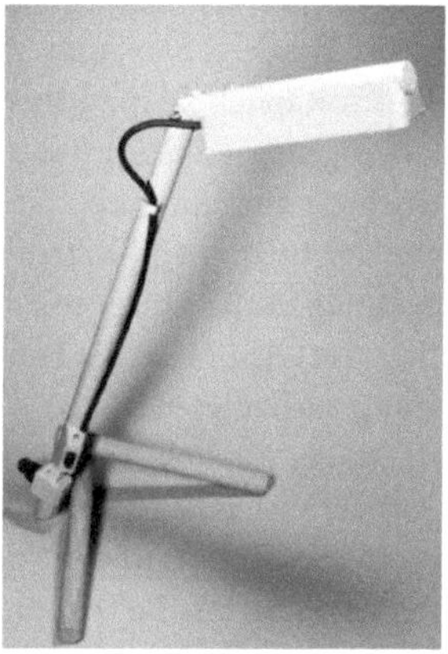

Abb.3 Schreibtischleuchte
(Foto: Paul Reza Klein)

Abb.4 … und nachher (Foto: Susanne Weiß)

Abb.5 Stadtteil (Foto: Wolfgang Richter)

Die Struktur

Der Aufbau der bereitgestellten Beispiele ist gleich, um eine einfache Vergleichbar- und Zuordenbarkeit zu gewährleisten. Einzig im Kapitel „Inspirationen“ gibt es zwei Beitragsarten, die dem jeweiligen Thema geschuldet sind. Das bedeutet, dass es einerseits Beispiele gibt, die sofort im Unterricht umgesetzt werden können, wie der Beitrag von Katrin Kober zu „Technik und Design“ in der Sekundarstufe II zeigt und andererseits gibt es Informationen oder Impulse wie in Claudia Hutterers Beitrag zur Kreativität im Schulalltag nachzulesen ist.

In den Kapiteln wird jedes Beispiel auf vier Seiten beschrieben. Auf der ersten Seite, außer bei manchen Beiträgen im Kapitel „Inspirationen“, gibt es die grundsätzlichen Informationen, die notwendig sind, um das Beispiel inhaltlich zu erfassen. Die erste Beitragsseite ist so gestaltet, dass die Lehrperson entscheiden kann, ob das Beispiel für die jeweilige Unterrichtssituation passend ist. Ein aussagekräftiger Titel samt Untertitel, ein Bild, die Beschreibung des Beispiels in einem Satz, die Infobox mit den wichtigsten Informationen (Zielgruppe, Dauer, Schwierigkeitsgrad und Lehrplanbezug), die Kurzbeschreibung des Beispiels, die praktische Durchführung, das Lernziel samt Kompetenzen und die Zuordnung in den Lehrplan finden hier Platz. Differenzierung bzw. Unterrichtsmethoden und fächerübergreifende Aspekte werden zu Beginn der zweiten Seite beschrieben. Die zweite und dritte Seite sind dem Unterrichtsverlauf gewidmet, es wird der Materialbedarf genannt, die einzelnen Schritte beschrieben. Hier befindet sich zudem der Praxistipp (der Tipp, der für die Umsetzung essentiell sein kann, der aus der Erfahrung der Lehrperson kommt) und die Berufsorientierung.

Die Infobox Berufsorientierung ist eine Besonderheit, denn sie bietet den Lehrpersonen die Zuordnung von Berufen zu den Beispielen. Es wurden Berufe ausgewählt, die durchaus unbekannt scheinen, doch eine wichtige Rolle im Alltag einnehmen. Das Ziel der Berufsorientierung ist, Schüler:innen und Pädagog:innen einen Einblick in die Vielfalt der Berufe zu bieten und neue Berufe vorzustellen. Der Tipp wird um Links ergänzt, wo weitere berufliche Möglichkeiten vorgestellt werden. Auf der vierten Seite werden mittels Fotos Ergebnisse und/oder Arbeitsprozesse der Aufgabenstellungen visualisiert, um einen Eindruck zu geben.

Literaturtipps und Links zum jeweiligen Thema befinden sich am Ende der dritten Seite. Es wurde zudem sichergestellt, dass alle Bilder, Arbeitsblätter und Beschreibungen gemeinfrei verwendet werden dürfen und dass keine Urheberrechtsverletzungen durch die Verwendung entstehen. Die Autor:innen werden namentlich mit ihren Kontaktdaten genannt und dürfen von interessierten Personen gerne kontaktiert werden. Somit wird eine Vernetzung innerhalb der Fachgruppe zwischen erfahrenen und weniger erfahrenen bzw. jungen Kolleg:innen ermöglicht.

Die, dem Fach „Technik und Design" zugeordneten, übergreifenden Themen wie Bildungs-, Berufs- und Lebensorientierung [ÜT 1], Entrepreneurship Education [ÜT 2], Informatische Bildung [ÜT 4], Medienbildung [ÜT 6], Reflexive Geschlechterpädagogik und Gleichstellung [ÜT 8], Sprachliche Bildung und Lesen [ÜT 10], Umweltbildung für nachhaltige Entwicklung [ÜT 11], Verkehrs- und Mobilitätsbildung [ÜT 12], Wirtschafts-, Finanz- und Verbraucher:innenbildung [ÜT 13] werden, soweit wesentlich für das jeweilige Beispiel, auf Seite zwei genannt.

Die Struktur der Beispiele, die sich in dieser kurzen Beschreibung schlüssig darstellen lässt, ist in einem langwierigen Prozess entstanden, in dem die Autorin mit unterschiedlichen Pädagog:innen Gespräche über guten Unterricht und über die Parameter, die dafür notwendig sind, geführt hat. Durch diese Gespräche sind Impulse gegeben worden, die, vernetzt mit theoretischen Grundlagen und praktischen Bedürfnissen, schlussendlich zum Raster geführt haben, auf dessen Basis die Unterrichtsbeispiele für das Praxishandbuch ausgearbeitet worden sind.

Das Einzigartige des Praxishandbuchs bilden die den Beispielen zugeordneten „Testimonials". Hier werden unterschiedliche Personen in verschiedenen Karriereschritten portraitiert. Einzigartig deshalb, weil vom Lehrling bis zum CEO, vom Handwerksbetrieb bis hin zum Industriebetrieb, Berufen eine Sprache gegeben wird, die der Zielgruppe angemessen ist. Es geht um Interessen, Motivation und berufliche Chancen. Die Verbindung von Beruf und Unterrichtsbeispiel bildet für Schüler:innen eine begreifbare Grundlage, um eigene berufliche Interessen auszubilden und zu festigen.

Lehrausgänge, wie z.B. das Beispiel der „Virtuel Mill Tour“, einer Betriebserkundung, zeigen den Alltag in Betrieben, und bilden eine wichtige Grundlage für die Berufswahl, da der geschützte Raum Schule mit dem realen Raum des Alltags überlagert wird.

Der Ausblick

Es ist geplant, die Beispiele der Sekundarstufe I zu erweitern und Praxisbeispiele für die Elementar-, Primarstufe und die Sekundarstufe II aufzunehmen. Damit wird sich das Praxishandbuch zu einem dynamischen Werk entwickeln, das durch die Erfahrung und Unterrichtsbeispiele sowie der eigenen Notizen und Beispiele der Pädagog:innen stetig (und individuell) weiterwachsen wird.

Das Kernteam
Petra Duhm, Andrea Liebhart, Wolfgang Haidinger, Hannes Lhotka, Richard Meisel, Josef Seiter und Marion Starzacher

Die Herausgeber
Bundesarbeiterkammer, Industriellenvereinigung und Wirtschaftskammer Österreich

Die Unterstützer
Pädagogischen Hochschule Steiermark, Förderverein Technische Bildung, AWS/Arbeitsgemeinschaft Wirtschaft und Schule

Die Order
Das Praxishandbuch „Technik.Design.Werken“ (Sammelringmappe und Texte) ist über die Adresse arbeitsweltundschule@akwien.at zu bestellen. Die Zustellung erfolgt dann über den Postweg. Einzig für diesen Versand per Post ist eine Gebühr von € 4,- zu entrichten.
Über die Webseite des Fördervereins Technische Bildung https://www.technischebildung.at/ stehen die Unterrichtsbeispiele, auch die weiteren, in Planung befindlichen Folgen, im pdf Format kostenlos zur Verfügung.

Literatur

Bundesarbeiterkammer, Industriellenvereinigung, Wirtschaftskammer Österreich (Hrsg.) (2022): *Praxishandbuch Technik Design Werken.* https://www.technischebildung.at/materialien/praxishandbuch-technik-design-werken [Zugriff: 07.08.2023]

BGBl. II Nr. 1/2023, (2023).

BMBWF (2023a). *Lehrplan Technik und Design Sekundarstufe 1.* https//paedagogikpaket.at

BMBWF (Hrsg.) (2023c). *Pädagogikpaket. Lehrpläne und Kommentare.* https://paedagogikpaket.at/massnahmen/lehrplaene-neu/materialien-zu-den-unterrichtsgegenst%C3%A4nden.html

BMBWF (2017). *PädagogInnenbildung NEU.* https://www.bmbwf.gv.at/Themen/schule/fpp/ausb/

Monika Holzer-Kernbichler

Objekt, Objekt!

Der Ambiguität verpflichtet (oder: Kulturwissenschaften für „Technik und Design")

> *The entire World is shining with things we cannot see.*
> (Akiko Busch)

Kunst- und Kulturwissenschaften haben das Potential den eigenen Horizont zu erweitern und das kritische Hinterfragen von Visuellem zu befördern. Die Kompetenz Kunstwerke zu beschreiben ist, vor dem Interpretieren und Analysieren, eine grundlegende in diesen Fachgebieten, weil erst das genaue Hinschauen und Beobachten von dem, was man sieht und visuell erlebt, das Werk erfahrbar machen. Bildlich Dargestelltes in Worte zu fassen, visuelle Eindrücke oder körperliche Wahrnehmung zu artikulieren und mit anderen zu teilen, befördern eine Kommunikation, in der es um Vermutetes und Uneindeutiges geht, wie auch um Konkretes oder Belegbares. Wie lassen sich visuelle Eindrücke möglichst objektiv erfassen, also wertfrei und sachlich beschreiben und wie aus unterschiedlichen Perspektiven subjektiv diskutieren? Der multiperspektivische Blick aus der wissenschaftlichen Praxis der Kunstwissenschaften ist Kern einer Selbstbildung durch ästhetische Bildung, ist aber ebenso für das Unterrichten von „Technik und Design" relevant. Das spezifische Nachdenken über Objekte befördert den Gemeinschaftssinn, in dem es für heterogene Bedeutungsebenen sensibilisiert. Es ermöglicht aber auch ein kritisches Nachdenken über die Verwendung von Materialien, sowie das Reflektieren von größeren Zusammenhängen. Welchen Mehrwert bringt dabei ein kritischer kulturwissenschaftlicher Zugang im Nachdenken über Kunst- oder Alltagsgegenstände für das neue Fach? Wie kann die Kunstwissenschaft mit ihrer Methodik für die Ausbildung von Werklehrer:innen nutzbar gemacht werden? Die folgende Abhandlung greift auf Erfahrungen aus der musealen Kunstvermittlungspraxis zurück, um aufzuzeigen, wie dort erprobte Praxen in der Ausbildung der Werklehrer:innen fruchtbar gemacht werden können. Werkbeispiele aus der Geschichte des Kunstgewerbes und Industriedesigns ermöglichen in der Lehre kreative, kritische oder handwerkliche Impulse für das eigene Tun im Unterricht. Wichtig ist dabei ihre Einbettung in einen größeren historischen Zusammenhang, um das Interesse für Vorläufer des Faches wie die Wiener Kunstgewerbeschule, das Bauhaus oder andere Institutionen zu wecken. Dieser historische Rahmen von 1850 bis 1950 lohnt deshalb auch einen genaueren Blick, weil Kunst, Kunstgewerbe und Ausbildung sehr eng mit der Entstehungsgeschichte der Kunstgewerbemuseen bzw. der Weltausstellungen verknüpft sind.

Ein Ausgangspunkt der Überlegungen ist die Idee von Kunstvermittlung wie sie im Kunsthaus Graz[1] und in der Neuen Galerie Graz verstanden wird. Dort gilt es, die gezeigten Ausstellungen und ihre Werke mit verschiedensten (partizipativen) Methoden und (interaktiven) Formaten an die Lebensrealitäten der Menschen anzuknüpfen. Ambiguitäten herauszuarbeiten, zuzulassen und auch auszuhalten, ist in die Haltung der Kunstvermittlung eingeschrieben und einem Verständnis vom musealen Bildungsauftrag geschuldet, der es sich zum Ziel gesetzt hat, viele Meinungen in einem durchaus demokratischen Sinne zuzulassen. In der Kunstvermittlung geht es wie in der Ausbildung um die Verbindung von Kunst und Kunstgeschichte und einen konkreten Bezug zur Gegenwart, zu aktuellen Diskursen und Geschehnissen im Sinne zeitgenössischer Kulturwissenschaften. Im Wesentlichen dreht sich dabei immer um viele verschiedene Antworten auf eine zentrale Frage: Und was hat das mit mir zu tun? Damit ist man unweigerlich in einer Auseinandersetzung mit gegenwärtigen gesellschaftlichen, künstlerischen, politischen, ökonomischen oder ökologischen Themen.

Für den Einstieg der Studierenden in die kunstwissenschaftliche Auseinandersetzung wurde eine Methode aus der Praxis der Kulturvermittlung gewählt und gemeinsam erprobt. Im Zentrum stand dabei ein kleines Museum im Koffer, das mit unterschiedlichen Ge-

1 Vgl. dazu Monika Holzer-Kernbichler, Markus Waitschacher, Anna Döcker und andere, Living Alien. 20 Jahre Kunstvermittlung Kunsthaus Graz, Graz 2023

Abb.1 Ein kleines Museum im Koffer (Foto: Monika Holzer-Kernbichler)

genständen bestückt war. Die Auswahl erfolgte subjektiv und relativ spontan im privaten Fundus der Kunstvermittlerin nach den Kriterien Alter, Herkunft, Material, Fertigung oder Funktion.

Bei den mitgebrachten Objekten handelte sich also um keine Kunst, sondern um Historisches, Kurioses, Schönes oder Banales. Einmal mit den weißen Handschuhen aus dem Koffer genommen und von der schützenden Luftpolsterfolie befreit, fanden sie Platz auf einem großen Tuch.

Die Studierenden waren eingeladen, die Objekte in die Hand zu nehmen, zu begutachten und zu beschreiben. Die Inszenierung und damit initialisierte Wertschätzung von und für das Ausgebreitete sind aus kunstpädagogischer Perspektive wichtig, um die Aufmerksamkeit für sie zu erhöhen und die Neugier der Teilnehmenden zu wecken. In einem ersten Schritt ging es um eine Betrachtung, eine haptische Erfahrung oder eine subjektive Einordnung entlang einer ganzen Reihe von Fragen, die darauf abzielen in der Gruppe multiperspektivisch zu agieren, heterogene Zugänge zu befördern und

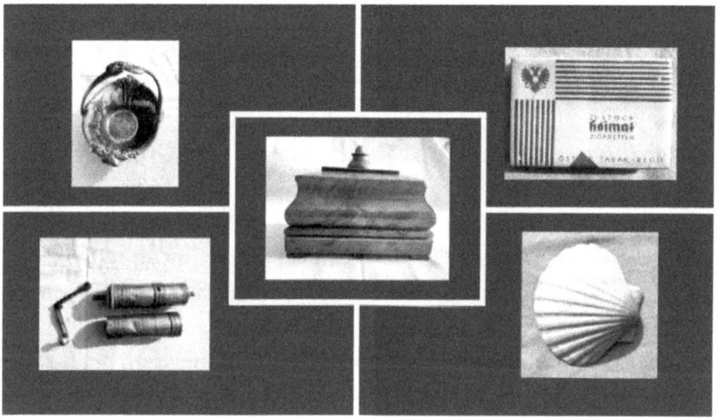

Abb.2 Objekte aus dem privaten Fundus (Fotos: Monika Holzer-Kernbichler)

Mehrdeutigkeiten aufzeigen. Es ging nicht darum, richtige Antworten zu geben, sondern Inhalte in der Dualität von „wahr“ und „falsch“ zu verhandeln. Die exemplarisch gestellten Fragen dazu lauteten:

Was sind das für Gegenstände?
Gibt es Hinweise auf das Alter? Wie alt sind sie?
Wer hat sie möglicherweise verwendet?
Was fällt uns als historischer Kontext solcher Gegenstände ein?
Was war damals politisch in der Welt los?
Was sagen sie uns über Geschlechterrollen?
Was sagen sie uns über das Handwerk?
Wie ist ihr Design, ihre Gestaltung?
Was sagt die Gestaltung über die Zeit aus, aus der der Gegenstand stammt?
Ist der Wert von Bedeutung?
Wie ist das Material verarbeitet?
Ist das Objekt maschinell produziert?
Woran denkt ihr persönlich?
Was erzählt der Gegenstand über einen möglichen Kontext?
War es ein Massenprodukt?
Was passiert, wenn man zwei Gegenstände zueinander in Beziehung bringt?

Die Überlegung hinter dieser genauen Betrachtung von Gegenständen bewirkt im Gespräch in der Gruppe häufig eine deutlich intensivere Auseinandersetzung mit den Objekten, die zum Ausgangspunkt vieler Geschichten und Narrative werden. Die aktive Betrachtung, Erfahrung und Diskussion von Alltagsobjekten führen die Studierenden dazu heran, später auch andere Objekte oder Kunstwerke in ähnlicher Art und Weise zu betrachten, zu erfahren, zu diskutieren oder zur persönlichen Reflexion zu nutzen. Gezeigt werden sollte mit dieser kleinen Einstiegsübung, wie schnell Urteile gefällt und Alternativen gar nicht gedacht werden in der Bewertung oder Interpretation von einfachen Objekten. Beobachtet konnte auch werden, wie schnell ein persönlicher oder individueller Bezug hergestellt wurde, durch Assoziationen oder Erinnerungen. Durch die Konzentration auf die Beschreibung von dem, was jeder und jede Einzelne in der bescheidenen Inszenierung wahrnimmt – lassen die Studierenden jenes einüben, was eingangs als zentrale Kompetenz der Kunstbetrachtung dargestellt wurde. In einer kulturwissenschaftlichen Analyse dieses Prozesses wird außerdem deutlich, dass eine Beschreibung, Analyse oder Interpretation, so sehr sie sich auch um Distanz bemüht, nie neutral sein kann, sondern immer auch ein Stück weit die eigene Haltung zur Themenstellung beinhaltet.

Wie betrachten wir Objekte? Wie können wir sie beschreiben und historisch einordnen? Was erfahren wir über ihre Geschichte? Wie beschreiben wir den Kontext, wie beurteilen wir mögliche Erzählungen? Welche Rolle spielt das Material und die Fertigung des Objekts? Die Intention einer solchen Kunstvermittlungspraxis ist es, am Alltag der Menschen und an einem konkreten Kontext anzuknüpfen. *Wer kennt solche Objekte, wer hat eine Idee zur Beantwortung der Fragen?* Eine genaue Betrachtung hat meist hohen Erkenntniswert. Aber *wie können wir die Gegenstände erschließen? Wie viele verschiedenen Beschreibungen, Geschichten und Interpretationen sind zulässig?* In einer ersten Auseinandersetzung ist alles, was entdeckt und benannt wird, relevant. Die Methoden der kunsthistorischen Bildbeschreibung sind dabei ein gutes Werkzeug.

Die Antworten sind selbstredend keine *einfachen*, sondern *mehrfache*. Es gibt sehr viele verschiedene Möglichkeiten, um sich der

Geschichte, dem Kunsthandwerk oder der Kunst zu nähern. Einprägsam geschieht es erfahrungsgemäß meist dann, wenn sich persönliche Bezüge, Interessenslagen oder Sichtweisen damit in Verbindung bringen lassen. Im gemeinsamen Gespräch darüber werden sie mit anderen geteilt, und werden so zu einer Verbalisierung des Gesehenen. Die Wahl der Formulierung, die Unzulänglichkeiten im sprachlichen Ausdruck, die ‚richtigen' Worte für das Gesehene und das Erleben in der eigenen Wahrnehmung zu finden, ist ein Prozess, der viel Aufmerksamkeit und Geduld verlangt. Für die Kunstvermittlung ist er aber deshalb so relevant, da er die Kommunikation in der Gruppe und Sensibilität im Ausdruck fördert. Von der Beschreibung ist der Weg über die Analyse zur Interpretation kein gerader, sondern einer mit vielen Abzweigungen, weshalb dieser auch zum Verhandlungsgegenstand wird, der von vielen verschiedenen Bedeutungen getragen wird.

Dinge per se sprechen nicht, Dinge stehen uns gegenüber. Wie wir sie beschreiben, sagt genauso etwas über uns selbst aus, wie die Form und der Zusammenhang, in dem wir sie nutzen, anschaffen oder auch selbst gestalten. Im Museum ist die Beschäftigung mit Objekten (wie mit jenen der Kunst) fundamental, weil sie der Grund ihrer Sammlungen und damit für das Museum per se sind. Als Kunsthistorikerin, beispielsweise, ist es selbstverständlicher Teil der Arbeitspraxis, Dinge von vielen Seiten zu beleuchten und sich nicht mit einem ersten Eindruck zufrieden zu geben. Ernst Gombrich, der großen Einfluss auf die Entwicklung der Kunstgeschichte nahm, spricht 1950 in seinem Standardwerk „Die Geschichte der Kunst" von der *Mehrdeutigkeit der Kunst.* Er betont die Tatsache, dass Kunstwerke oft verschiedene Bedeutungen haben können und dass ihre Interpretation von unterschiedlichen Faktoren wie dem kulturellen Hintergrund des Betrachters, der historischen Kontextualisierung und persönlichen Erfahrungen abhängt. Gombrich argumentiert, dass die Bedeutung von Kunst nicht in den Werken selbst liegt, sondern in der Wechselwirkung zwischen dem Werk und den Betrachtenden. Diese Mehrdeutigkeit erlaubt es den Menschen, ihre eigenen Interpretationen und Verbindungen zu Kunstwerken zu entwickeln. „Kein Bild kann ohne Ergänzung von Seiten des Betrachters verstanden werden", schreibt Gombrich in „Kunst und Illusion" ein paar Jahre später.[2] Für Hans Belting ist die Bildkompetenz, also die Fähigkeit qualitativ mit Bildern umgehen zu können, das zentrale Konzept der Rezeptionsästhetik. Dabei steht die gedankliche und emotionale Wahrnehmung von Bildern im Zentrum.[3] Martin Kemp hingegen geht in seinem Ansatz einer kunsthistorischen Rezeptionsästhetik davon aus, dass Kunstwerke in ihrer Komplexität die Fähigkeit haben, divergierende Interpretationen zu evozieren, intellektuelle, aber auch emotionale Wirkungen erzielen. Wesentlich ist dabei der Kontext des Werkes, dem es entstammt, aber auch jener, in dem es ausgestellt wird. Dieses Dreieck von Werk, Betrachtendem und Kontext, erweitertet den Bedeutungsrahmen in eine Rezeptionsebene, die den Einfluss von Vorwissen, Erfahrung oder auch kulturellem Hintergrund auf die Wahrnehmung eines Kunstwerkes aufzeigt. Die Wirkungsweise im Auge des Betrachtenden ist zunächst eine subjektive, weshalb die Interpretationen, Emotionen und Perspektiven auch sehr vielfältig sein können. Macht man sich diese Grundlagen für das Fach „Technik und Design" zu Nutze, bekommt man eine gute Basis für das Herausarbeiten von Möglichkeiten zur Objektivierung, die notwendig ist, um kulturelle, historische oder andere Kontexte in ihrer Relevanz zu versachlichen. Kemp betont auch diese doppelte Aufgabe der Rezeptionsästhetik: „Sie verarbeitet die (inneren) Rezeptionsvorgaben mit allen Konsequenzen für die Eigengestalt des Werkes, für die Werk-Betrachter-Beziehung, für die Konstituierung des Betrachtersubjektes. Sie hat sich aber auch um die Zugangsbedingungen zu kümmern, die dem Werk in Architektur, Funktionszusammenhang, Rezeptionssituation gesetzt waren oder sind."[4] Ausgehend von der Beziehung des Betrachtenden zum Objekt vollzieht sich eine Klärung entlang belegbarer Sachverhalte. Das gilt für die Bearbeitung historischer Objekte oder Kunstwerke, lässt sich aber

2 Ernst H. Gombrich, Kunst und Illusion. Zur Psychologie der bildlichen Darstellung, 6. dt. Ausgabe (mit neuem Vorwort), 2. Aufl. Berlin 2004 [zuerst engl. 1960], S. 204

3 Z.B. Hans Belting, Das echte Bild: Bildfragen als Glaubensfragen, München 2006 (erstmals 1994)

4 Wolfgang Kemp, Kunstwissenschaft und Rezeptionsästhetik, in: Wolfgang Kemp (Hg.), Der Betrachter ist im Bild. Kunstwissenschaft und Rezeptionsästhetik, Berlin 1992, S. 24

auch auf Alltagsgegenstände im persönlichen Zusammenhang umlegen.

Das Konzept der kunsthistorischen Rezeptionsästhetik lässt sich demnach auch auf die Wahrnehmung, Analyse und Interpretation von musealisierten Gegenständen anwenden, auch wenn ein Objekt zu Beginn immer nur ein Objekt ist. Sobald man sich aber darauf einlässt und sich als Betrachter:in einzubringen beginnt, Fragen stellt und sich in Gesprächen darüber vertieft, wird eine umfangreiche Annäherung ermöglicht, die mehrere verschiedene Erzählstränge zulässt. Die Botschaft der Dinge wird dabei im Wesentlichen von den Rezipient:innen erzeugt. Die untersuchten Gegenstände haben eine eigene Ausstrahlung, die „unnachahmlich und deshalb für die menschliche Erkenntnis fundamental ist."[5]

Im Museum werden Objekte benutzt, um Narrative zu entwickeln, ein Verhältnis der Besucher:innen u.a. zu Vergangenem und Gegenwärtigem zu provozieren. Sie sind raumgreifend und für einen bestimmten Sachverhalt repräsentativ eingesetzt. In einer musealen Inszenierung erzeugen sie Stimmungen, generieren Erlebnisse und werden Träger von Informationen. Während Kunstwerke autonom funktionieren können, tragen kulturhistorische Objekte neben einer sinnlichen, eine stärkere wissenschaftliche Seite. Die sinnlichen und die wissenschaftlichen Ebenen sind unterschiedlich in der Erfahrung. Während wissenschaftliche Erkenntnisse vielfach über Texte und Sprache vermittelt werden, entsteht die sinnliche primär über die Betrachtung.[6] Der Interpretationsspielraum ist bei letzterer meistens für die Betrachtenden größer, die sich vom dazugehörenden Text eine klare Information erwarten. Liest man den (dazugehörenden) Text nicht und verbleibt in der visuellen Anschauung, dann können persönliche Assoziations- und Gedankenketten angekurbelt und vielleicht auch Fragen aufgeworfen werden. Im Museum werden Dinge wie Kunstwerke ganz gezielt räumlich in Beziehung gesetzt und als Verweise auf gesellschaftliche, historische,

5 Thomas Thiemeyer, Die Sprache der Dinge. Museumsobjekte zwischen Zeichen und Erscheinung, 2013, in: http://archiv.alltagskultur.info/bilder/alltagskultur.de_die-Sprache-der-Dinge.pdf, S.3 (10.05.2023)

6 Im Museum ist es primär die Anschauung, da musealisierte Objekte nur sehr selten einer größeren Öffentlichkeit zu einem haptischen Erleben zur Verfügung gestellt werden.

politische oder wissenschaftliche Kontexte genutzt. Im Museum sind die Objekte der Grund seiner Existenz. Das Museum sammelt und bewahrt, stellt aus und vermittelt Kraft seiner Dinge als „Ort der materiellen Begegnung mit dem Fremden und zeitlich Fernen".[7] Auch wenn immersive museale Erfahrungsräume auch ohne materielle Objekte auskommen können, bleiben diese dennoch die stummen Zeugen oder Beweise einer anderen Zeit, Kultur oder Kunst. Ihre Aura wird durch die Inszenierung und Erzählung im Museum erst manifest. Das Museum ist der Raum, wo das Nachdenken und Reflektieren über Kulturgüter zum Alltag gehört. Wissenschaftliche Erzählungen haben stets Lücken, Leerstellen und Ungewissheiten, die im Interpretationsspielraum der disziplinären Auseinandersetzung gefüllt oder erklärt werden. Ausgehend vom bereits vorhin besprochenen Beispiel der Kunstgeschichte verfolgt diese als akademische Disziplin den Anspruch einer wissenschaftlichen Objektivierung aus historischen Kontexten und Konzepten. Sie belegt, hinterfragt und schreibt vieles fest. Lange Jahre wurde Kunstgeschichte beispielsweise als Helden- oder Geniegeschichte erzählt, beförderte die Mythenbildung und bediente damit auch bestimmte Vorstellungen von Geschlechterrollen. Diese Form einer hegemonialen Geschichtsschreibung ist aus heutiger Sicht kritisch zu bewerten, zumal sie bestimmte Perspektiven, Narrative und Interpretationen bevorzugt, während andere vernachlässigt, ausgelassen oder zumindest unterrepräsentiert sind. Die hegemoniale Kunstgeschichtsschreibung spiegelt die Interessen, Werte und Urteile der jeweils vorherrschenden Gruppe wider, die unweigerlich Machtverhältnisse aufrechterhalten will und eine bestimmte Darstellung der Vergangenheit befördert. In der Kunstvermittlung ist es wie in der Ausbildung notwendig, die Bedeutsamkeit aufzuzeigen, Texte, wissenschaftliche Behandlungen oder historische Erzählungen ebenso beständig kritisch zu hinterfragen, wie die zu Beginn thematisierten vermeintlich schlichten Objekte. Kunsthistorische Beschreibungen, Analysen und Interpretationen ändern sich im Lauf der Geschichte und sind Ausdruck zeitgenössischer Debatten.

7 Thiemeyer, S. 10

So hat Katy Hassel in ihrer „Story of Art without Men“[8] den langen gepflegten, kunsthistorischen Kanon offengelegt, in dem sie der eingangs erwähnten „Geschichte der Kunst“, in der Gombrich 1950 keine einzige Künstlerin erwähnt, eine entgegengesetzt, die ohne Männer auskommt – verstanden als Ergänzung. Gefüllt werden von ihr so viele Lücken in der Kunstgeschichte, die lange nicht geschlossen wurden, auch weil Geschichten immer und immer wieder gleich erzählt wurden und werden. Sie hat es sich zur Aufgabe gemacht, die Kunst vom Stigma des Elitismus zu befreien und dem westlichen männlichen Narrativ entgegenwirken, das zu Unrecht seit sehr langer Zeit die Kunstgeschichte beherrscht. Die männliche Heldengeschichtsschreibung wurde nicht nur aufgrund des gut gepflegten Geniekultes bestens tradiert, sondern ist auch ein Thema von Sprache und ihrer Verwendung.

„Der Organist ist eine Frau“ schreibt Evke Rulffes in ihrem Buch „Die Erfindung der Hausfrau. Geschichte einer Entwertung.“ Und zeigt dabei auf einen Holzschnitt von Jost Ammann von 1568, betitelt mit „Der Organist“. (Abb. 3) Zu sehen ist eine junge Frau in elegantem Kleid, die in die Tasten greift. Rulffes führt das Problem der deutschen Sprache als patriarchale Sprache aus, urteilt aber auch wissenschaftshistorisch: „Das Verschwinden der Frauen aus der Geschichte liegt auch darin begründet, dass die universitäre Geschichtsschreibung in ihren Anfängen im 19. Jahrhundert ausschließlich von Männern betrieben wurde.“[9] In ihrem Buch führt sie aus, wie dieses Stereotyp der Hausfrau und guten Mutter erst um 1800 entstand und warum es sich so lange – bis heute – als wirksam erweist. Die Sprache hat das Potential Geschichte zu verfälschen, Vorstellungen zu generieren, die im richtigen Meinen den Inhalt dennoch verdrehen, weil auch die Leser:in Teil des Textes[10] ist.

---

8 Katy Hessel, The Story of Art without Men. Große Künstlerinnen und ihre Werke, München 2022

9 Evke Rulffes, Die Erfindung der Hausfrau – Geschichte einer Entwertung, Hamburg, 2021, S. 23

10 Ausgangspunkt der Rezeptionsästhetik sind die Literaturwissenschaften z.B. Suleiman, S.R., I. Crosman (eds.): The Reader in the Text. Essays on Audience and Interpretation. Princeton 1980.

Abb.3 Jost Amman: „Der Organist“, 1568 (gemeinfrei)

Diese jüngeren Positionen verdeutlichen, dass die Geschichte der Kunst keine isolierte sein kann, sie nur eingebettet in aktuelle Debatten erzählt werden kann. Spätestens seit Belting 1983 die Unabhängigkeit der Kunstgeschichte in Frage stellte, in dem er die neuen Methoden und Sichtweisen in den damals jungen Bildwissenschaften erkannte, wird dieser Aspekt diskutiert.[11] Dennoch wird die Geschichte nur sehr langsam oder partiell neu erzählt, weil sich die oben genannten hegemonialen Muster tief eingeprägt haben und scheinbar nur sehr schwer auflösen lassen. Eine Geschichte der Kunst darf sich jedoch nicht länger in ihrer eignen Tradierung perpetuieren, sondern sollte sich zeitgenössischen Debatten stellen. Kunstmuseen haben daran einen bedeutsamen Anteil. Sie verfügen über Deutungshoheiten, die ihnen eine machtvolle Position verleiht, Sachverhalte, Muster oder auch Stereotypen zu tradieren oder zu dekonstruieren. Während die Grenzen einer zeitgenössischen Kunst zum Alltäglichen fluide sind und damit für das Publikum schwieri-

11 Jörg Scheller, Hans Belting. Der gute Konservative, in: Die Zeit, 14.01.2023. https://www.zeit.de/kultur/2023-01/hans-belting-kunsthistoriker-kunst-bild-nachruf

ger verhandelbar erscheinen, suggeriert die alte Kunst leichter verständlich zu sein. Anders gesagt, das musealisiert-autonome Werk wirkt durch seine Gegenständlichkeit zugänglicher, vielleicht auch eindeutiger, jedenfalls tradiert festgelegt in seiner ästhetischen Präsenz und Einzigartigkeit und damit über jeden Zweifel erhaben, in dem es sich mit einem konstanten Blickwinkel seiner Erzählung festschreibt. Allerdings verändert sich die Welt rundherum durch neue Erkenntnisse und Geschehnisse und transformiert damit die Wissenschaften. Die Kunstgeschichte hat wie die Kulturgeschichte durch viele heterogene und kritische Lesarten, gefüllte Lücken und Restitutionsdiskussionen ihre Eindeutigkeit verloren. Wie soll Kunstgeschichte geschrieben werden? Für wen und mit welchem Ziel wird Kulturwissenschaft betrieben?

Für das Fach „Technik und Design" bedeuten diese Zugänge eine Bereicherung im Diskurs über materielle Kulturen. Sie sind weder eindeutig noch unveränderbar und müssen angesichts größerer Transformationen auch per se beständig kritisch hinterfragt werden. „Wer spricht?"[12] ist diesbezüglich eine zentrale Frage in der musealen Kunstvermittlung.

Wie verhält sich dieser Verlust an Eindeutigkeit in der Wissenschaft zu einem gleichzeitig diagnostizierten Verlust an Mehrdeutigkeit „in der Welt"? Vielleicht muss man auch in dieser Frage einen kurzen historischen Rückblick wagen, um die großen Brüche besser zu sehen. „Kunst" und „Leben" enger aneinander zu binden war ein oft manifestiertes Ziel der Kunstströmungen um 1900. Das Kunsthandwerk aufzuwerten und die Grenzen zur autonomen Kunst aufzuweichen war ein deklariertes Ziel. Durch verstärkte Prozesse von Individualisierung und Internationalisierung werden Ambiguitäten nicht nur eher zugelassen, sondern Begriffe von Kultur differenzierter. Zygmunt Baumann hat der Moderne als Epoche 1991[13] eine zunehmende Ambiguität zugeschrieben, die alle Bereiche des Lebens durchdringt. Unsicherheit und Ungewissheit hätten klare Regeln und eindeutige Antworten abgelöst, die zu Verunsicherung

12 Vgl. z.B. Wer spricht?, Autorität und Autorschaft in Ausstellungen, hg. von schnittpunkt – Beatrice Jaschke, Charlotte Martinz-Turek, Nora Sternfeld, Wien 2005

13 Zygmunt Bauman, Moderne und Ambivalenz, Das Ende der Eindeutigkeit, Hamburg 2005 (erste 1991)

und Ängsten führen, aber auch zu mehr Flexibilität und individueller Freiheit. Ambiguität beschreibt für Baumann die Komplexität der modernen Gesellschaft, die es gilt in ihrer Vieldeutigkeit anzuerkennen und sich nicht mit einfachen Antworten oder festen Identitäten zufrieden zu geben. Allerdings verursache die dadurch entstehende Unordnung, „das heftige Unbehagen, das wir empfinden, wenn wir außerstande sind, die Situation richtig zu lesen und zwischen alternativen Handlungen zu wählen."[14]

In dieses Unbehagen hat sich seit den 1990er Jahren ein Wunsch nach einer „Vereindeutigung der Welt" eingeschlichen, die mit einem signifikanten Verlust an Vielfalt einhergeht, der sich durch dominante globale Entwicklungen erklären lässt. Stefan Zweig schreibt bereits 1925 in seinem Aufsatz „Die Monotonisierung der Welt" über die Schattenseiten der Globalisierung: „Alles wird gleichförmiger in den äußeren Lebensformen, alles nivelliert sich auf ein einheitliches kulturelles Schema. Die individuellen Gebräuche der Völker schleifen sich ab, die Trachten werden uniform, die Sitten international. Immer mehr scheinen die Länder gleichsam ineinandergeschoben, die Menschen nach einem Schema tätig und lebendig, immer mehr die Städte einander ähnlich."[15] Thomas Bauer, der wie viele andere Zweig zitiert[16], konstatiert eine Vereinheitlichung der Welt durch den globalen Kapitalismus, beschreibt die Vereinheitlichung der Landwirtschaft und den Verlust einer biologischen Artenvielfalt. Gleichzeitig ist seine These, dass „unsere Zeit eine Zeit geringer Ambiguitätstoleranz ist. In vielen Lebensbereichen [...] erscheinen deshalb Angebote als attraktiv, die Erlösung von der unhintergehbaren Ambiguität der Welt versprechen." Er arbeitet die Reduktion von Vielfalt, Komplexität und Pluralität für viele Lebensbereiche auf, zwischen den Polen von Gleichgültigkeit und Funda-

14 Baumann, 2005, 11

15 Zit. nach Thomas Bauer, Die Vereindeutigung der Welt. Über den Verlust an Mehrdeutigkeit und Vielfalt. [Was bedeutet das alles?], Stuttgart 2018, S. 11

16 Claudia Lenz, Ambiguitätstoleranz – ein zentrales Konzept für Demokratiebildung in diversen Gesellschaften, https://www.ufuq.de/aktuelles/ambiguitaetstoleranz-ein-zentrales-konzept-fuer-demokratiebildung-in-diversen-gesellschaften/# (10.05.2023)

mentalismus mit nachvollziehbarer Anschlussfähigkeit zu alltäglichen Phänomenen von der Esskultur bis zur Wissenschaft.[17]

Jüngere kulturwissenschaftliche Debatten hinterfragen und relativieren die Ideen und Prinzipien der Moderne, wie sie Baumann noch beschreibt, in der Abwendung von der Vorstellung einer Dualität von Natur und Kultur[18], dem Hinterfragen von Vorstellungen von objektiver Wahrheit und linearem Fortschritt.[19] Durch die Beobachtungen von Bauer wird feststellbar, dass mit der Abkehr von der Vorstellung einer „Moderne" auch sukzessive ein Prozess einer „Vereindeutigung der Welt" einhergeht. Die Ursache für diese Veränderung liegt in der Digitalsierung, die der Globalisierung eine völlig neue Bedeutung verliehen hat und eine weltweite Vereinheitlichung auf vielen Gebieten vorantreibt. Gleichzeitig ist es immer schwieriger als Individuum darin z.B. Informationen adäquat bewerten zu können. Einfache Botschaften setzen sich in der Masse leichter durch. Ein völlig transformiertes Zusammenspiel von Bild und Text bei digitalen Botschaften erfordert aber auch andere Formen von Bildkompetenz sowie ein neues Verständnis einer kritischen Urteilskraft, um nicht alles zu glauben, was über soziale Kanäle verbreitet wird. Damit sind wir wieder mitten im Alltag der Auszubildenden, die es gilt, genau dafür zu sensibilisieren, sich Zeit zu nehmen und kritisch zu sein. In der Verkürzung der Inhalte liegt oft nicht nur eine Vereinfachung, sondern auch die Gefahr der Vereindeutigung, weshalb eine Sensibilisierung für Ambiguitäten seit den 1990er Jahren eine völlig neue Bedeutung bekommen hat. Es ist ein Anliegen, sie zu erhalten und ihren Mehrwert zu vermitteln.

Menschen sind, wie die Psychologie es nennt, tendenziell jedoch ambiguitätsintolerant, sie meiden tendenziell mehrdeutige, unklare, vage, widersprüchliche Situationen. Übertragen auf eine zunehmend diverse Gesellschaft ist aber gerade die Ambiguitätstoleranz ein zentrales Konzept für Demokratiebildung. Tendenzen zur „Vereindeutigung der Welt" gehen oft einher mit dem Wunsch nach „einfachen", „klaren", de facto meist autoritären politischen Struktu-

17 Bauer, S. 30

18 Z.B. Bruno Latour, Wir sind nie modern gewesen. Versuch einer symmetrischen Anthropologie, Berlin 2008

19 Z.B. Donna Haraways Unruhig bleiben. Die Verwandtschaft der Arten im Chthuluzän, Frankfurt 2018

ren. Junge Kommunikationsformen, die durch Soziale Medien in Transformation begriffen sind, befördern kurze, einfache Nachrichten, die Komplexitäten ausblenden, weil sie in der Geschwindigkeit des Durchscrollens nicht erfassbar sind. Einfache Sprache und schlichte Antworten finden viele Anhänger:innen in einer Welt, die rundherum in ihren globalen Verstrickungen immer komplexer wird. „Einfache Antworten sedieren uns eher, als dass sie uns unsere Sorgen nehmen. Sie vernebeln unseren Verstand" schreiben Alex Karp, Jan Hiessereich und Paula Cipierre in ihrem Buch „Von Artificial zu Augmenteted Intelligence". Dort verteidigen sie das Konzept der Mehrdeutigkeit nicht aus politischen Gründen, sondern aus der Sicht eines großen Softwareunternehmens, da die Vereindeutigung „jeder kreativen Lösung den Nährboden" entzieht. „Wir wollen zeigen, dass die große Chance unserer Zeit nicht in der Vereindeutigung der Welt, sondern gerade in der Uneindeutigkeit, in der Unschärfe, in der Ambiguität liegt."[20] Die menschliche Kreativität ist vielleicht in Zukunft ein großes Kapital, das uns von künstlichen Intelligenzen unterscheiden wird. Sie zu befördern ist grundlegend – auch z.B. für jeden Design- oder Produktentwicklungsprozess.

Wie anfangs gezeigt werden konnte, hat Kunst durch ihre visuelle Erscheinungsform ein hohes Potential an Mehrdeutigkeit. Durch die Anwendung der Methoden der Kunst- und Kulturwissenschaften kann die Ambiguitätstoleranz erhöht werden. Das Üben von Beschreiben, Interpretieren und Analysieren provoziert auch in der Betrachtung und Bearbeitung kultureller Objekte differenzierte Zugänge. Die Sensibilität für „das Andere" steigt. In einer Diskussion um die Bedeutung eines schlichten Objektes sind unterschiedliche Meinungen leichter auszuhalten als in politischen oder sehr privaten Fragen. Kunst- bzw. Objektbetrachtung, aber auch die Kunst selbst kann dabei helfen, so etwas wie Ambiguitätstoleranz zu fördern – nämlich die Fähigkeiten, Widersprüche auszuhalten und eine differenzierte Gefühlskultur auszubilden. Die Bedeutung dieser Kompetenzen für eine kreative, tolerante und demokratische

20 Alexander Karp, Jan Hiesserich, Paula Cipierre, Von Artificial zu Augmented Intelligence. Was wir von der Kunst lernen können, um mit Software die Zukunft zu gestalten, Frankfurt 2023, S. 8

Gesellschaft wird häufig genannt, ihr Verlust ist aber nur durch eine aktive Beförderung solcher Prozesse aufhaltbar.

Der Bildungsauftrag im Museum gibt der Kunstvermittlung den Rahmen, multiperspektivisch und kritisch mit einem heterogenen Publikum zu arbeiten, wobei sie sich der Ambiguität verpflichtet fühlt. In der Ausbildung der Werklehrer:innen befördern die beschriebenen Prozesse durch die genannten Methoden nicht nur die ästhetischen Selbstbildung und den Gemeinschaftssinn. Sie ermöglichen darüber hinaus auch eine kritische Herangehensweise an andere gesellschaftliche Themen, durch das Fördern der Akzeptanz des Anderen in seiner Unterschiedlichkeit. Mit den beschriebenen geisteswissenschaftlichen Methoden lässt sich Reflexion und Denken in größeren Zusammenhängen vorantreiben. Kreativität im Betrachten der Objekte in ihrer Gestaltung, ihrer Geschichte oder ihrer Materialität befördert die Gruppendiskussion wie auch das Erkennen von Zusammenhängen von Technik, Ökologie, Ökonomie und Gesellschaft. Erkennbar ist darin die Wirksamkeit der Sprache, die eine eigene Grundhaltung reflektiert – und sich der Ambiguität künftig vielleicht sogar verpflichtet fühlt.

Gert Hasenhütl, Marc de Vries

Technische Bildung international

Ein Gespräch mit Marc de Vries[1]

Gert Hasenhütl: *Viele Forderungen zu „Technischer Bildung", „Technical Literacy" finden sich bereits in Gilbert Simondons früh formulierten Konzept einer „Technischen Mentalität".* [2]
Welche Bedeutung würden Sie diesem Konzept beimessen?

Marc de Vries: Mentalität ist eine Art zu Denken. Es ist nicht das Gleiche wie Expertise oder Einstellung. Technische Mentalität könnte ein Denkstil sein, in welchem Technik eine besondere Rolle spielt. Aktuell tendieren wir dazu, in technischen Lösungen zu denken, sobald wir mit gesellschaftlichen, privaten etc. Problemen konfrontiert werden. Das ist eine begrenzte Sicht auf dieses Konzept. Technische Mentalität ist einerseits ein brauchbares Konzept, weil es zeigt, dass es mehr gibt als bloßes technisches Denken, verstanden als z.B. das Lösen von mathematischen Gleichungen. Es ist ein viel breiteres Konzept. Es besteht aber ein gewisses Risiko dieses Konzept abgelöst von Gilbert Simondon anzuwenden, in dem Sinne, dass es verstanden werden könnte als eine Mentalität, mittels Technik und technischer Handlungen generell Probleme zu lösen. Das sollten wir aber vermeiden, denn es sind immer auch andere Möglichkeiten, die wirkungsvoller oder verantwortungsvoller sind als technische Lösungen. Was ich sagen will: Technische Mentalität ist dann ein brauchbares Konzept, wenn entschieden ist, Technik als Lösung oder Beitrag zu einer Lösung zu sehen. Technische Mentalität hilft Technik nicht als bloße Rationalität im Lösen von z.B.

1 Das Gespräch mit Marc de Vries wurde am 13.4.2023 geführt und basiert auf einem am 11.8.2022 durchgeführten Interview. Dieses Interview ist Teil des Forschungsprojektes „Technik und Design transdisziplinär". Gespräch und Interview wurden auf English geführt und von Gert Hasenhütl ins Deutsche übersetzt.

2 Der französischer Philosoph Gilbert Simondon (1924 –1989) hatte die Bedeutung der Technik für die Philosophie früh erkannt.

mathematischen Gleichungen zu sehen, sondern es ist eher Orientierung. Gelesen mit Gilbert Simondon im Hintergrund ist es ein brauchbarer Begriff, aber verallgemeinert kann es zur Ansicht verleiten, Probleme auf technische Lösungen zu reduzieren. Wir tendieren ja gesellschaftlich auch häufig dazu, Probleme technisch zu lösen. Problemlösungen auf technische Lösungen zu reduzieren, hat aber auch gesellschaftliche Gründe. Lösungen müssen nicht immer in der Technik, sondern können auch im Verhalten liegen. Gewisse Probleme können nicht ohne die Veränderung von Verhaltensweisen gelöst werden.

GH: *Ökomodernismus oder Technokratismus z.B. gehen ja manchmal in die Richtung alles technisch lösen zu wollen.*

MdV: Frühestens wenn versucht wird, alles technologisch zu lösen, werden jegliche ethischen Kosten bezahlt werden. Sozusagen die letzte Krankheit noch technisch los zu werden, das kann eine gefährliche Art des Denkens in sich bergen. Je mehr etwas versucht wird, zu kontrollieren, z.B. die Natur, desto mehr kann es sich gegen uns wenden. Utopie kann hier in Dystopie umschlagen. Das ist eine Überschätzung dessen was wir mit Technik machen können. Nachhaltigkeit ist dazu ein Beispiel. Wir versuchen die Natur komplett unter unsere Kontrolle zu bringen, aber sie kann uns auch Probleme machen. Utopisches Denken als Szenariomethode kann gewinnbringend sein, aber es in diesem Sinne als reale Problemlösemethode zu verwenden, z.B. Nanopartikelanwendungen auf das Hirngewebe, greift tief in natürliche Prozesse ein. Das kann als technokratisches Denken gesehen werden. Wer kann/darf/soll dann sein Leben verlängern lassen? Es gibt da unvorhersehbare Konsequenzen mit Ernährung z.B., wenn dann alle länger leben. Wie gehen wir auf der menschlichen Ebene mit diesem Denken um?

GH: *Was sind neue Alternativen in technologischer Bildung vor dem Hintergrund von z.B. feministischer Technikforschung oder dem neuen Materialismus?*

MdV: Es ist nicht nur eine moralische Frage, sondern auch eine Frage der Werte. Die Werte herauszustellen, heißt auch die Technologie herauszustellen. In Technischer Bildung fokussieren wir zu oft auf die Technologie die wir unterrichten wollen. Natürlich wollen wir am Ende mehr Technologie vermitteln, aber eines der ersten Dinge die wir tun sollten ist, Personen darauf aufmerksam zu machen, dass es nicht die Technik ist, welche zuerst kommt, sondern dass es die Werte sind, die zuerst kommen.

GH: *Meinen Sie hier jetzt die Axiologie, also die marxistische Arbeitswerttheorie?*

MdV: Nicht nur ökonomisch, es sollten verschiedene Arten von Werten vermittelt werden. Die allgemeine Frage hier wäre: Was sehen wir als Fortschritt im Leben? Kann länger zu leben mithilfe von Technik als Fortschritt gesehen werden? Kann das absolut so gesehen werden? Ist es ein Fortschritt, wenn dann bestimmte Bevölkerungsschichten von Technik profitieren und andere nicht, z.B. indem diese länger leben können? Deshalb wäre es hilfreich, eher auf die Werte zu schauen, warum bewerten wir etwas höher oder weniger hoch? Werte wie Gemeinschaft, Freundschaft etc. könnten als Ausgangspunkte dienen, um dann Technik als ein Mittel zu verwenden um; diese Werte zu verwirklichen. Stefano Marzano[3] eröffnete einmal eine Konferenz zur Designmethodologie mit den Worten: In unserem Konzern sagen wir immer, wir verkaufen keine Produkte, sondern wir verkaufen Werte. Wie lassen sich also Werte in Produkte transformieren, die dann im Gebrauch der Produkte diese Werte wieder realisieren? Wenn wir also Technik entwickeln wollen, geht es nicht nur um die Entwicklung eines neuen Gerätes z.B., sondern darum, Werte zu realisieren. Humanistische, moralische, soziale oder ökonomische Werte z.B., darum geht es.

GH: *Das könnte für Technische Bildung interessant sein, weil es nicht nur darum geht, MINT fächerbezogen zu denken oder praktischer zu werden, sondern eine Werte-Erziehung oder Technik-Ethik umzusetzen.*

3 Der italienische Designer und Architekt Stefano Marzano war u.a. Chef Designer bei Philips und Electrolux, Lehrer an dem Design Department des Politecnico di Milano.

MdV: Am Ende ist es natürlich auch praktisch, weil wir nicht auf einer allgemeinen Werteebene verbleiben können. Im Moment ist das in den Niederlanden nicht angemessen umgesetzt. Im Moment ist es zu praxisbezogen („nuts-and-bolts“). Ein stärkerer Fokus auf Werte wäre wünschenswert. Lange Zeit herrschte eine Art Angst („fear“), dass, wenn jemand von Werten oder im Speziellen von moralischen Werten spricht, dass eine Indoktrination von Studierenden und Schüler:innen passiere. Es kann aber auch wichtig sein, Schüler:innen darauf aufmerksam zu machen, was für Werte wir vertreten und weitergeben, als Mensch, als Familie oder als Gesellschaft, und dann zu sagen, wie wir das mithilfe von Technik realisieren. Ich habe wenige Befürchtungen, Ethik in Technischer Bildung einzuführen. Nicht in dem Sinne, den Menschen zu sagen, was sie tun sollen und was nicht, sondern die Optionen zu vermitteln, um von persönlichen Standpunkten wegzuführen hin zu einer praktischen Konklusion, über diese oder jene Technik und Technologie und ob diese angenommen werden soll oder nicht. Nicht um zu sagen, was passt und was nicht passt, sondern um den Menschen dabei zu helfen, ihre eigenen Entscheidungen zu treffen, ihnen Entscheidungshilfen („mental instruments“) zu geben, um den Wert von Technik zu erfassen. Das könnte für Technische Bildung, aber auch die Wissenschaft im Allgemeinen sehr interessant sein.

GH: *Diese Entscheidungshilfen sind nicht dogmatisch, sondern intrinsisch motiviert zu denken? Keine Stimme von Außen, die uns sagt, wofür Technik ist, sondern – in einem positiven Sinne – ist es technische Individuation, indem Kinder z.B. von sich aus Aufmerksamkeit für etwas entwickeln?*

MdV: Absolut. Verschiedene Optionen können schon von Außen vermittelt werden – da findet Bildung statt. Pflichtethik, Tugendethik oder Konsequenzialismus sind da z.B. möglich, die wären wie verschiedene Geschmacksrichungen zu denken, dabei müssen aber selbst die eigenen Entscheidungen getroffen werden können. Und das gilt es zu lernen. Wie sehen Menschen die Realität, was ist im Leben wichtig, und was bedeutet das für die individuelle Wahl, vor dem Hintergrund verschiedener moralischer Perspektiven? Das wäre ein gangbarer Weg für Technische Bildung. Von einer allgemeinen Sicht der Realität kommend, über eine Route verschiedener möglicher ethischer und moralischer Perspektiven hin zu praktischen Entscheidungen in der individuellen Wahl von Technologie. Das gilt für technisches Handeln und auch für technische Entwicklung.

GH: *Existiert ein Land wo dieses Modell realisiert wurde?*

MdV: Leider nicht. Vielleicht kommt Schweden dem am nächsten, weil dort von Beginn an den sozialen Aspekten von Technischer Bildung viel Aufmerksamkeit gewidmet wurde. Das Interessante daran ist, dass sie es nicht mit Design („design stance") kombinieren. Sie schauen nicht so stark auf diese Design-Aspekte. Design zu machen ist aber wohl der praktischste Weg, um das Hereinkommen dieser verschiedenen Werte in technische Prozesse zu beobachten, weil dort die Entscheidungen getroffen werden müssen. Design ist ja ein permanenter Auswahl- und Entscheidungsprozess. Und diese Auswahlprozesse sind letzten Endes von unseren Werten geprägt. Je mehr wir das verstehen, umso besser können diese Prozesse werden. Ich präferiere deshalb designerische Arbeit innerhalb von Technischer Bildung, weil das der Ort ist, wo sichtbar wird, wie Werte in der Praxis operationalisiert werden. Auch eine eher konsumistische Haltung ist möglich, d.h. in kritischer individueller Entscheidungsfindung über das, was gekauft werden soll, was wiederum durch Werte beeinflusst wird. Um quasi eine bessere Bürgerin / Konsumentin oder ein besserer Bürger / Konsument zu werden.

GH: *Was passiert in Schweden genau? Ist noch handwerkbasierte technische Bildung („Slöjd") präsent?*

MdV: In gewissen Maße ja, weil Slöjd auch sehr kulturorientiert beeinflusst war. Es war viel mehr als Handwerk. Es war eine Art Vehikel, um die eigene Kultur besser kennen zu lernen. Weil alle Dinge, die gemacht wurden, einen gewissen Ort innerhalb der Kultur hatten. Slöjd war ein gutes Beispiel, wie kulturelle Werte mit den angewandten Künsten der Herstellung von Dingen verbunden werden konnten.

GH: *Passiert das in Schweden im Moment auch in der Technischen Erziehung?*

MdV: Zumindest hatten sie diese soziale Dimension innerhalb von Technischer Bildung schon von Beginn an in einer sehr ausgeprägten Art und Weise. Als Technische Bildung in den Curricula eingeführt wurde, stand das sehr im Fokus. Ich hätte aber auch mehr Design Aspekte darin erwartet, aber das wurde eher abgeschwächt zugunsten von staatsbürgerlichen Aspekten („citizenship"), Konsum oder Technik-Nutzung.

GH: *Also eine starke Individualisierung.*

MdV. Ja. Viele Länder verwenden ja den Begriff „Technological Literacy" und übersehen dabei die Konsum-Aspekte von Technik. Aber wenn „Technological Literacy" meint, in einer technischen Welt leben zu können, in einer verantwortungsvollen Art und Weise, sie also nicht nur endnutzer:innenzentriert zu verwenden, sondern auch entscheidungsfähig zu sein – auf Basis sinnvoller Werte –, dann ist es auch nötig, nicht nur auf Design-Aspekte zu schauen, sondern auch auf staatsbürgerliche und konsumistische Aspekte. Mein Vorschlag für Technische Bildung wäre, diese beiden Standpunkte ernst zu nehmen. Im Design-Kontext wird sichtbar, wie Werte in neue Technik kommen. Auf staatsbürgerlicher Ebene und im Konsum-Kontext wird sichtbar, welche Rolle Werte spielen, um sinnvolle Entscheidungen zu treffen.

GH: *Heißt das, Technik-Determinismus und Sozial-Determinismus sollen mehr zusammenkommen, und Studierende und Schüler:innen sollen auch für sozialkonstruktivistische Fragen von Technik sensibilisiert werden? Ist die Zeit überhaupt da, so etwas mit zu unterrichten?*

MdV: Das liegt an den Curricula. Es ist unangenehm, aber notwendig, und zuerst müssen wir hinterfragen, ob die Curricula korrekt sind. Es ist ja schon viel Sozialdeterministisches in den Curricula, z.B. nachhaltige Materialien, ethisches technisches Handeln, sinnvoller Werkzeuggebrauch etc. Wir müssten Technische Bildung von einem grundlegenderen Punkt aus neu denken. Das heißt, nicht momentane Punkte aus den Curricula zu nehmen, weil wir sie schlichtweg brauchen. Am Ende werden all diese Werte durch Materialien, technisches Handeln oder Werkzeuge in die Praxis umgewandelt. Und auch über diesen Teil des Prozesses müssen wir sprechen. Es ist eher ein Appell für mehr curriculare Balance, wo wir beides haben und nicht nur diesen praxisbezogenen („nuts-and-bolts") Teil, sondern auch diesen axiologischen Teil. Es ist aber möglich Veränderungen einzuleiten: Das Wissenschaftscurriculum in den Niederlanden z.B. war lange Zeit überfrachtet mit Formeln, Lehrsätzen etc. Es ging darum all diese Gesetze zu unterrichten. Und jetzt ist in den Prüfungsbestimmungen („exam syllabus") z.B. etwas mit der Bezeichnung das „Wesen der Wissenschaften" („nature of science"), wo es um die Frage geht, was Wissenschaft als Aktivität eigentlich ist. Und von allen Lehrenden wird erwartet, dazu etwas zu machen. Und so wurde die zu unterrichtende Anzahl von Formeln, Gesetzen etc. reduziert. Was für viele Lehrende schlimm war, weil sie in der Erweiterung keine angemessene wissenschaftliche Ausbildung sahen. Darin kann aber der Beginn einer Veränderung gesehen werden. Zumindest in der Lehrkräfteausbildung z.B. wird im Moment mehr Fokus auf Grundlagenfragen und Prozessorientierung gelegt, z.B. auf das Wesen von Wissenschaft als ein Erkenntnisprozess. Zentral sind so nicht mehr die Gesetze, weil die ja das Ergebnis dieser Prozesse sind. Da ist dieser faszinierende Prozess des Forschens an Phänomenen, die nicht erklärbar sind, der dann Experimente und mögliche Lösungen nach sich zieht. Das ist eher das Wesen von Wissenschaft. Wissenschaftliche Erziehung ist häufig schwer zugänglich, weil das nicht so im Zentrum steht. Was wir machen, ist den Leuten nur die Ergebnisse wissenschaftlicher Forschung zu zeigen. Diese ganzen Gesetze.

GH: *Es wird nicht unterrichtet, woher wissenschaftliche Praxis kommt, und Experimentalgeschichten kommen zu kurz. Ist es ein Wunsch, dass diese Methoden inkludiert werden?*

MdV: Beides in Wissenschaftlicher und in Technischer Erziehung. Wissenschaftliche Erziehung könnte da ein Problem haben. Es ist ein wichtiges Fach, viel wichtiger als Technische Bildung, aber es wird eher wenig „interessement“ [4] für das Fach selbst geschaffen. Internationalen Umfragen zufolge hassen die besten Studierenden im Bereich der Wissenschaften oft ihr eigenes Fach. Das ist sehr paradox. Sie müssen sich oft durch Verwaltungsdschungel („jumping through the hoops“) kämpfen, und sie haben all diese Gesetze gelernt und können sie reproduzieren – was diesem ganzen Testsystem schon eingeschrieben ist. Aber sie sind so gelangweilt, dass sie oft ihr eigenes Fach nicht mögen. In dieser Hinsicht hat es Technische Bildung von Beginn an leichter, weil hier es immer schon eine Aufmerksamkeit auf Grundfragen der Technik gab und gibt. Das kann es auch spannender machen. Selbst wenn sich jemand nur auf technische Praxis bezieht, gibt es zumindest eine Art Lohn, wenn z.B. etwas funktioniert oder hergestellt wurde, was beim bloßen Reproduzieren von Gesetzen etc. nicht der Fall ist. Das ist ein technisches Objekt, das ist seine Funktionsweise, die Physik dahinter etc. kann Studierende schnell langweilen. In Wissenschaftlicher Erziehung wird der existierende Kanon von Wissen reproduziert. Das muss nicht immer spannend sein. Es geht um die perfekte Reproduktion dieses Kanons – wobei „interessement“ nicht zentral ist.

GH: *Welches fachwissenschaftliche und fachdidaktische Wissen und Können von Lehrpersonen ist aus Ihrer Sicht für die Qualität des Unterrichts in „Technik und Design“ an allgemeinbildenden höheren Schulen besonders wichtig?*

MdV: Technische Bildung in guter Qualität zu unterrichten, erfordert klare mentale Konzepte bei den Lehrenden über Wesen und Wirkung von Technik, gerade im Unterschied zu den Naturwissenschaften. Ein gutes Image von Technik und Technologie bei den Studierenden und Schüler:innen zu evozieren und seine gesellschaftliche und individuelle Relevanz aufzuzeigen, gehört hier auch dazu.

4 Der Begriff „interessement“ kommt aus dem Französisch-Englischen und ist gleichbedeutend mit dem Wort „interposition“. Es wurde erstmals von Michel Callon verwendet. Es wird in der wissenschaftlichen Tradition der Akteur-Netzwerk-Theorie im Zusammenhang mit der Übersetzung und der Bildung von Netzwerken verwendet. In der Interessensphase eines Übersetzungsprozesses können verschiedene Instrumente eingesetzt werden, um die Verbindung zwischen Akteuren zu stärken und die Struktur des Netzwerks zu unterstützen. (Wikipedia)

Konzeptionelles Verständnis ist beständiger und länger einsetzbar als Detailwissen zu technischen Formalitäten. Konzepte wie z.B. „Systeme" oder „Nachhaltigkeit" sind eher zeitunabhängig und bleiben auch wenn neue Techniken herauskommen erhalten und verlieren nicht an Wert. Auch pädagogisches Inhaltswissen, um solche Konzepte vermitteln zu können, ist wichtig.

GH: *Was sind gute Beispiele oder Glückstreffer weltweit innerhalb Technischer Bildung aus Ihrer Sicht?*

MdV: England hat eine lange Tradition in Design. Es gibt eine gute Praxis in der Designausbildung, sehr gute Design-Pädagogik und Design-Didaktik. Werte stehen zwar nicht immer im Vordergrund zugunsten von pragmatischen Erwartungen im Design, wenn ein funktionierender Prototyp herauskommen muss. Eine Untersuchung in der Primarstufenausbildung zeigt was passiert, wenn Schüler:innen entwerfen und dabei gefordert sind, die Perspektive von Endnutzerinnen einzunehmen. D.h. sie werden instruiert, für wen ist es, was für eine Person ist die Endnutzerin, wie kann etwas gemacht werden, damit es den Bedürfnissen der Personen gerecht wird. Lehrende und Schüler:innen wurden in der Untersuchung befragt, ob sie sich in die Rolle von Endnutzerinnen hineinversetzen. Die Lehrenden antworteten, ja, sie versetzen sich in diese Rollen. Die Schüler:innen antworteten, wir sind nicht gefragt worden, das zu tun. Das zeigt eine starke Diskrepanz zwischen Lehrenden- und Schüler:innenvorstellungen von Endnutzerinnen und deren Werten. Das ist deshalb interessant, weil die Lehrenden angaben, dass sie ihre Studierenden dazu animierten über Werte nachzudenken, also auch zu Werten von Endnutzerinnen, obwohl das nicht passierte. Der Fokus lag hauptsächlich auf der Funktion von technischen Objekten, und nicht auf deren sozialen Auswirkungen auf die Endnutzerinnen. Die humane Perspektive fehlte schlicht. Das Beispiel zeigt, dass einerseits eine starke Tradition bei Design-Tätigkeiten vorliegen kann, dass aber andererseits die Praxis bei Design-Tätigkeiten nicht genügend sozial verankert ist.

GH: *Und Neuseeland z.B.?*

MdV: Neuseeland hatte eine interessante Entwicklung. Eine gewisse Zeit lang hatten sie ein sehr starkes Curriculum mit besonderer Rücksicht auf humane Werte und das Wesen von Technik und auch für technische Einzelheiten. Aber diese Punkte wurden wieder abgeschwächt, weil der Fokus auf Technische Bildung leider wieder abgenommen hat. Ähnlich wie in den Niederlanden, wo das Interesse auch politisch gesteuert, verändert wurde. Das vor 10 bis 15 Jahren entwickelte Curriculum wurde nicht weiter bearbeitet und beiseite gelegt. Ähnliches passierte in Neuseeland, wo wieder auf traditionelle Ausbildung fokussiert wird.

GH: *Vielleicht zurück zu England, wo die Forschungsrichtung des „Design and Technology" sehr stark ist.*

MdV: Sie haben eine starke Strategie, wenn es um die Lehre von Design geht. Inhaltliches zum technischen Wissen ist in den Curricula aber eher schwach vertreten. Die „Association for Engineers" hatte hier starke Kritik am Curriculum geübt, weil es nicht um ingenieursmäßige Konstruktion von technischen Objekten ginge, sondern um Gestaltung von jeglichen Gebrauchsobjekten. Das sei kein Gegenstand innerhalb der Ingenieurausbildung. Das hat also auch seine Schattenseiten. Es geht mir hier eher um ein gutes Beispiel für Design-Pädagogik und weniger um ein Beispiel für Technische Bildung im Allgemeinen. Als wir das Curriculum für Technische Bildung in den Niederlanden entwickelten, schauten wir speziell auch auf Deutschland für diesen theoretischen Teil, weil es hier exzellente Forschung zur Systemtheorie von Niklas Luhmann und Forschenden aus der ehemaligen DDR gibt. Wir waren also zwischen England und Deutschland orientiert. Das Prozessuale und Theoretische versuchten wir zu kombinieren. Politisch bestand die Herausforderung darin, den Entwurf dieses Konzepts möglichst schnell abschätzen zu können.

GH: *Was ist Ihrer Meinung nach das besondere des Faches „Technik und Design"?*

MdV: Es ist ein Schulfach par excellence durch welches Kreativität evoziert wird. Aber nur wenn es auf die richtige Art unterrichtet wird. Im Prinzip macht naturwissenschaftliche Bildung das auch, wobei dort vieles nicht forschendes Lernen ist, sondern Lernen nur im Transfer kanonischer Wissensbestände erfolgt.

GH: *Welche Forschungsbereiche aus den „Design and Technology" Studies würden Sie als relevant erachten?*

MdV: In einem STEM/MINT-Kontext ist designbasiertes Lernen ein interessantes Thema, weil Technik und Ingenieurswesen in seiner Kombination überprüft werden kann. Modellieren, Prototyping oder arbeiten mit Simulationen bietet auch interessante Punkte in diesem Kontext.

GH: *Ist es möglich, mehr* über Ihre *Eingewobenheit in den Entwicklungsprozess des Curriculums in den Niederlanden zu erfahren?*

MdV: Ich war einer der Autoren und Autorinnen der Textbuchausgaben des Curriculums für „Technology Education" und versuchte den Entwurf auf eine sehr praktische Ebene zu bringen. Wir arbeiteten auch an einer Serie von Bucheditionen mit dem Titel „Technological", worin wir versuchten, das Logische innerhalb der Technik herauszuarbeiten. Das Technische stand dort eher für die Design Seite und die Logik für die pragmatistische Seite. Die Serie war erfolgreich. Das war meine Art, diese Ideen in die Schulbildung zu implementieren und diese beiden Ansätze zu kombinieren. Also wenn Personen praktisch entwerferisch tätig sind, haben sie auch immer theoretische Konzepte dabei. So gab es einen Theorieteil und ein Arbeitsbuch, wo es darum ging, diese Konzepte praktisch anzuwenden. Das könnte ein Beispiel einer Kombination sein, um Inhalt und Prozess zu integrieren.

GH: *So kommen wir zur Ko-Evolution von Theorie und Praxis innerhalb technischer Bildung oder im Ländervergleich zur Annäherung von pragmatischer und idealistischer Technikphilosophie.*

MdV: Ich bin überzeugt davon, wenn wir Studierende oder Schüler:innen dazu bringen wollen, theoretische Konzepte zu erlernen, dann können wir das auf theoretischen Wegen umsetzen, indem wir ihnen Definitionen, Gesetze etc. geben. Das ist aber eine gewisse Form des vordergründigen Lernens. Sie lernen es dabei nicht wirklich. Problem- und designbasiertes Lernen verläuft anders als über die Reproduktion vorgegebener Definition und Strukturen. In Delft haben wir zur Zeit ein Forschungsprogramm zu designbasiertem Konzeptlernen. Ich glaube, dass das eine gewinnbringende Art des Lernens bieten kann. Um das System eines Konzeptes zu verstehen und zu erlernen, ist es der beste Weg, selbst ein System zu entwerfen, weil dann erst die wichtigen Aspekte eines Systems sichtbar werden. Ähnlich verhält es sich mit Konzepten aus der Physik. Schwimmen und Sinken z.B. können beim Entwickeln eines Bootsmodells miterlernt werden. Wenn nicht passende Präkonzepte zum Schwimmen und Sinken da sind, z.B. große Dinge schwimmen und kleine Dinge sinken eher, dann werden in der modellhaften Erprobung leichter Konzeptwechsel oder kognitive Konflikte („cognitive clashes“) im Sinne des Konstruktivismus möglich. Entwerfen ist also eine exzellente Möglichkeit, um kognitive Konflikte zu realisieren, denn wenn eine nicht passende theoretische Präkonzeption vorherrscht, lässt sich ein Entwurf nicht realisieren. Warum schwimmt dieses große und schwere Objekt nicht? Was sind mögliche Ursachen? Das kann eine gewinnbringende Art sein um das Archimedische Prinzip zu erlernen, bei dem ein tieferes Verständnis gefördert werden kann, als beim Auswendiglernen und bloßen Anwenden der Formel. Hier sehe ich Verbindungen zwischen Wissenschaft und Technik.

GH: *Worin sehen Sie zukünftige Perspektiven von „Design and Technology“ und seiner professionellen Identität?*

MdV: In vielen Ländern ist ein Rückgang von Technischer Bildung zu beobachten und sie verliert zunehmend ihren Status. Die Zukunft von Technischer Bildung besteht nicht in ihrer isolierten Existenz innerhalb der Curricula, sondern in ihrer Kombination mit anderen Bereichen wie z.B. den Naturwissenschaften oder der Mathematik. Ich denke STE(A)M/MINT ist die einzig praktikable Zukunftsperspektive von Technik. Eine Sorge besteht darin, dass das „T“ komplett durch das „S“ ersetzt wird, und dass das „E“ nicht seriös genug in eine der anderen Komponenten hinein weiterentwickelt wird. Am erfolgreichsten sind soweit Situationen in denen Technische Bildung eine klar entwickelte Identität hat (z.B. Entwerfen und Herstellen sind innerhalb eines sozialen Kontextes wesentliche Elemente dieser Identität). In diesem Fall gewinnt Technische Bildung mit der Entwicklung von STEM automatisch mit. Es gibt Beispiele von STEM, wo Technik nur als Rechtfertigung dazu dient, Naturwissenschaft und Mathematik zu unterrichten.

GH: *Wo sehen sie Zukunftsperspektiven Technischer Bildung?*

MdV: Ich denke, Technische Bildung entwickelt sich am besten im Kontext von MINT. Dazu sind die Verbindungen zu Mathematik, Physik etc. wichtig. Konzepte aus diesen Bereichen können dann erlernt werden, wenn diese designbasiert angewendet und in Entwürfe implementiert werden. Da könnte Design etwas beisteuern. Entwerfen („designing part“) kann zum Machen („making part“) eine wichtige Ergänzung bieten und seinen Benefit liefern. Designbasiertes Lernen funktioniert umso besser, je mehr Theorie verwendet wird, weil die Entwürfe dadurch auch immer reichhaltiger werden. Auch hier kann die Verbindung zwischen Naturwissenschaften und Technik Benefit für die Technische Bildung ergeben. Ich glaube stark an MINT als die Zukunft der Technischen Bildung.

GH: *Die Integration also von MINT-Kontexten in „Technik und Design“?*

MdV: Vielleicht nicht immer Integration, sondern zumindest Verbindungen aufbauend. Integrationen sind zu sehr auf einen Gegenstand reduziert und ich sehe die Gefahr, dass Technik dann ganz verschwinden wird. Das passiert ja in den Niederlanden, indem die Regierung beschloss, Technische Bildung in Wissenschaftliche Bildung zu integrieren. Was dann in verschiedenen Schulen passierte war, dass die Lehrenden aus den Naturwissenschaftsbereichen oder Mathematik sagten, gut das können wir mitmachen. Ein Nachmittag zu Technik und wir haben das vermittelt. So ging Technische Bildung mehr und mehr verloren. Das ist eine gewisse Gefahr, die ich an Integration sehe. Das andere Problem ist, dass wir keine MINT-Lehrenden haben, weil es auch keine speziellen Ausbildungsprogramme für MINT-Lehrende gibt. Für die kommenden Jahre werden jetzt Lehrende ausgebildet, die monodiziplinär ausgerichtet sind, d.h. Chemie, Mathematik oder Physik Lehrende z.B. aber keine MINT-Lehrenden. So lange diese nicht vorhanden sind, solange kann MINT als ein integriertes Fach nicht unterrichtet werden. Es bedarf an Lehrenden, die Teile der vier Komponenten aus MINT unterrichten können, und die vor allem wissen, wie diese zu integrieren sind.

GH: *Im Moment sind MINT Lehrende also entweder Mathematik-, Physik- etc. Lehrende?*

MdV: Ja, aber mit dem jeweiligen Fokus, den sie gewählt haben. Physik-Lehrende unterrichten also MINT mit dem Hintergrund von Physik-, Mathematik-Lehrende unterrichten MINT in ihrem Denkstil, etc. Ich kenne weltweit kein MINT-Lehrenden- Ausbildungsprogramm.

GH: *Das ist ja doch eine sehr transdisziplinäre Forderung? Personen auszubilden, die quasi T-shaped Skills besitzen.*

MdV: Die beste Art im Moment das umzusetzen ist multidisziplinär, indem durch Teamteaching verschiedene Lehrende kombiniert werden können. Eine Physik-, eine Mathematik- und eine Technik-Lehrperson könnten gemeinsam den Unterricht machen. Das könnte zumindest eine Art von koordiniertem Unterricht ergeben, wenn schon nicht integriert. Multidisziplinär wäre zumindest besser als monodisziplinär. Zweifelsohne müssen diese Disziplinen auch monodisziplinär weiterbestehen. Lehrendengruppen mit den verschiedenen Hintergründen, das könnte ein Weg sein. In den Niederlanden haben wir ein Beispiel dazu. Es ist ein Gegenstand mit der Bezeichnung „Nature, Life and Technology (NLT)" in der Sekundarstufe II seit 2007. Es ist ein Wahlfach und Schulen können sich aussuchen, ob sie es anbieten oder nicht. Es besitzt thematische Module und der Grundgedanke besteht darin, dass es zumindest von Lehrenden aus zwei Disziplinen unterrichtet werden soll. Die Entwicklung ist insofern interessant, weil all diese Module werden in Teams aus Lehrenden, Fachexpertinnen und -experten – hier zumeist jemand aus dem universitären Bereich – und Lehrenden für Erwachsenenbildung – zumeist zuständig für die Didaktik – entwickelt. Diese drei Personen sind immer involviert in der Entwicklung eines Moduls. Jemand mit Praxiskenntnissen – die Lehrpersonen, jemand mit disziplinären Spezialwissen – die Expertinnen und Experten, und jemand für die Pädagogik – die Fachdidaktisierenden. Diese Module werden alle fünf Jahre aktualisiert, d.h. ist es aktuell, passt es zu aktuellen technischen Tendenzen … Das einzige, was in der Praxis nicht so funktioniert, ist, dass dieses Teamteaching eine große Herausforderung für die Schulen ist. Aus dem einfachen Grund des Zeitmanagements, was eine Koordination immer komplizierter macht. Z.B. drei Lehrende im selben Zeitfenster einzuplanen blockiert diesen Slot dann gleichzeitig für andere Themen und Fächer. Die Module sind sehr durchdacht und attraktiv für Schulen, was zeigt, dass hier ein Modell für MINT Ausbildung möglich wäre.

GH: *Wer entwickelte diesen curricularen Ansatz außerhalb der formalen Curricula?*

MdV: Die Lehrenden. Es war eine „bottom up"-Entwicklung, die nicht politisch initiiert wurde. Die Regierung unterstützte es erst später, indem sie es ermöglichte, dass Schulen freiwillig dieses Programm anbieten konnten. Es gibt die „Vereniging Natuur, Leven en Techniek", die für dieses Programm verantwortlich ist[5], d.h es ist von der Politik entkoppelt. Ich war dort für eine kurze Zeit im Vorstand. In den Programmen der Lehrendenausbildung weisen wir auch auf diese Module hin. Sie zu überprüfen oder neue zu entwickeln, ist auch ein Thema.

5 URL: https://www.verenigingnlt.nl; https://kenniskaarten.hetgroenebrein.nl/en/knowledge-map-circular-economy/what-can-primary-and-secondary-education-do/

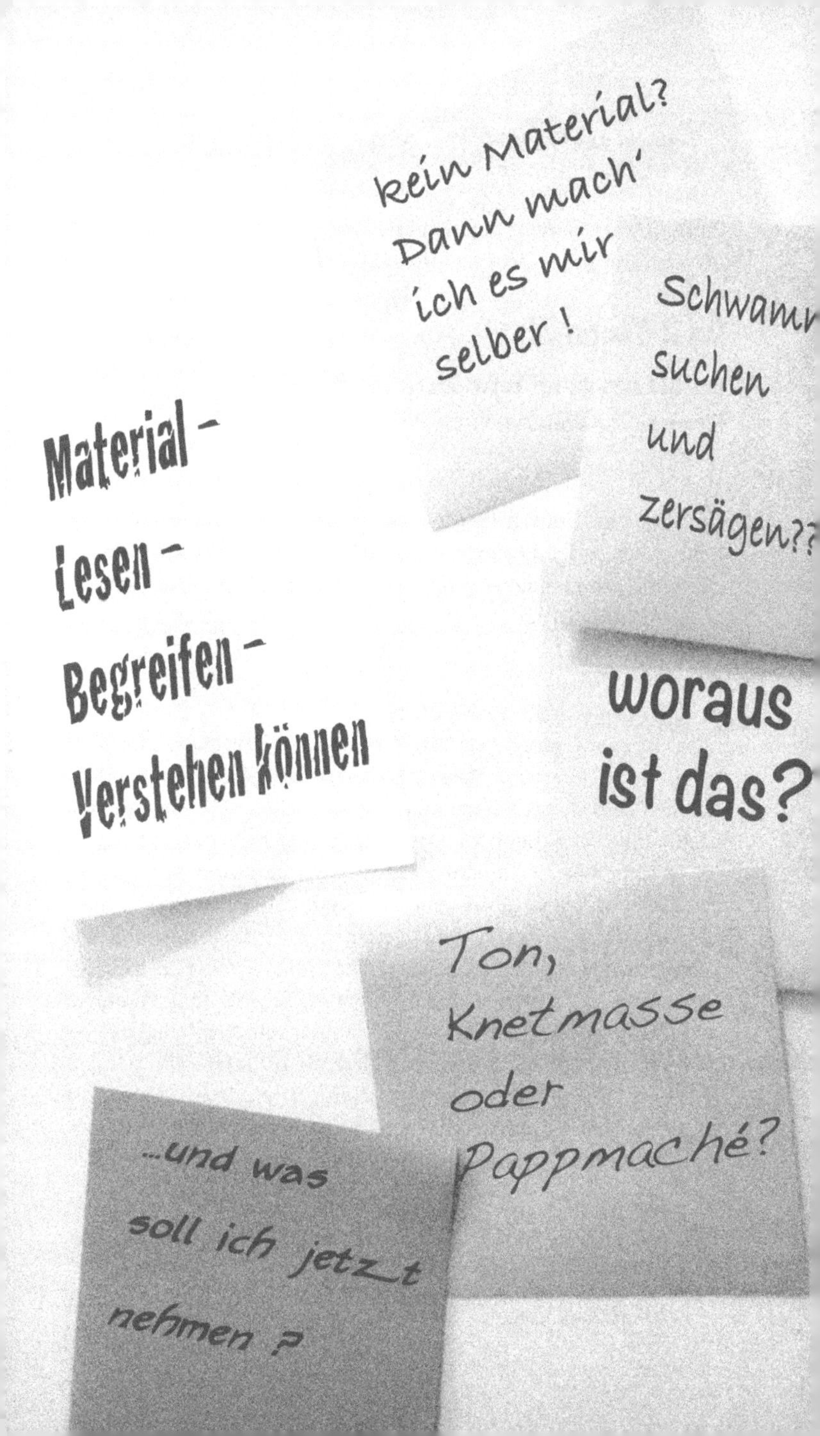
Material - Lesen - Begreifen - Verstehen können
kein Material? Dann mach' ich es mir selber!
Schwam suchen und zersägen??
woraus ist das?
Ton, Knetmasse oder Pappmaché?
...und was soll ich jetzt nehmen?

Camilo Ayala-Garcia, Stefano Parisi, Barbara Pollini,
Martina Taranto, Valentina Rognoli

Do it Yourself!

Der DIY-Ansatz zur Entwicklung von Materialien für einen ökologischen Wandel [1]

Die kritische Umweltsituation auf unserem Planeten zwingt die Menschheit, rasch Lösungen zu entwickeln, um die Auswirkungen menschlichen Handelns auf die Erde zu minimieren. Die Umweltprobleme sind dringlich, daher engagieren sich Forscher:innen und Praktiker:innen im Bereich Design für die Entwicklung neuer Visionen und Wege, um die Sustainable Development Goals (SDGs) der UNAgenda 2030[2] zu erreichen.

Während weniger belastende Herstellungs-/Fertigungsprozesse entwickelt werden, erkennt eine bewusste Designpraxis Materialien und deren Verwendung als kritischen Moment für eine nachhaltige Produktion an. Das Material, das früher als ein Schritt im Designprozess betrachtet wurde, wird nun zum Mittelpunkt des Projekts. Leider gibt es einen Mangel an Studien und Initiativen, die das Bewusstsein für Materialien in die Design- und Technologieausbildung miteinbeziehen. Um einen wirksamen ökologischen Wandel zu erreichen, wird die Materialgestaltung zu einem unumgänglichen Schritt bei der Gestaltung von Nachhaltigkeit. Es ist von grundlegender Bedeutung, dass die Lehrpläne für „Design und Technologie“ die Materialforschung einbeziehen, indem sie spezielle Kurse einrichten, die diesen Wissensbereich, das Materialverständnis, fördern und die Materialkompetenz oder die ethischen

1 Übersetzung des Textes „The DIY-Materials approach to develop materials towards an ecological transition“ aus dem Englischen durch Josef Seiter, mit der freundlichen Genehmigung der Autor:innen.

2 www.2030agenda.de

und praktischen Fähigkeiten der neuen Designer-Generationen verbessern, die in den technischen Bereichen von MINT, STEM oder STEAM tätig sind.

Dieser Text konzentriert sich auf die Ergebnisse des DIY Materialien-Ansatzes, der in den letzten Jahren an der Designschule des Politecnico di Milano angewendet wurde. Der hier entwickelte Ansatz ermöglicht es, Student:innen zu lehren, wie man Materialien von einem Ausgangspunkt an entwirft, indem man Bestandteile, Zusammensetzungen, Rezepte und Prozesse durchgeht, Materialerklärungen erstellt und die Identität des neuen Materials und seiner Entstehung definiert. Im Folgenden wird eine Reihe biobasierter, biofabrizierter Materialbeispiele beschrieben, mit dem Ziel, die Entwicklung von Materialpfaden, die durch einen DIY-Material-Ansatz auf einen ökologischen Wandel hinweisen.

Der DIY-Materialien-Ansatz

In der Geschichte der Menschheit haben Materialien die Form der menschlichen Wirklichkeit bestimmt, die menschlichen Fähigkeiten der Herstellung und die Entwicklung beeinflusst. Das wachsende Bewusstsein für den Einfluss, den der Missbrauch und die Überbeanspruchung von Materialien auf die Umwelt hat, verändert unsere materielle Realität. Die Designcommunity ist daher bestrebt, ein besseres Verständnis der Auswirkungen von Materialien zu unterstützen (Pollini & Rognoli, 2021) und Überlegungen zum Einsatz von Materialien auf Designebene anzustellen. Handwerker:innen und Designer:innen waren immer schon bestrebt, Materialien umzuwandeln, um modulierbarere Artefakte zu entwerfen. Dabei ist im letzten Jahrzehnt ein origineller Ansatz für das Materialdesign entstanden. Er wurde als DIY-Materialien-Ansatz definiert und gründet auf der Selbstproduktion von Materialien durch Gestaltung oder technische Behandlung (Rognoli et al., 2015; Rognoli & Ayala-Garcia, 2021). Die Do-it-yourself-Praxis ermöglicht es den Agierenden, unabhängig von der Industrie zu sein, die üblicherweise industrielle materielle Unterstützung bietet, und ermöglicht ihnen, die Palette der Materialien zu erweitern, die Ideen in Artefakte verwandeln. Die Gestalter:innen schlagen einige Materialkonzepte vor

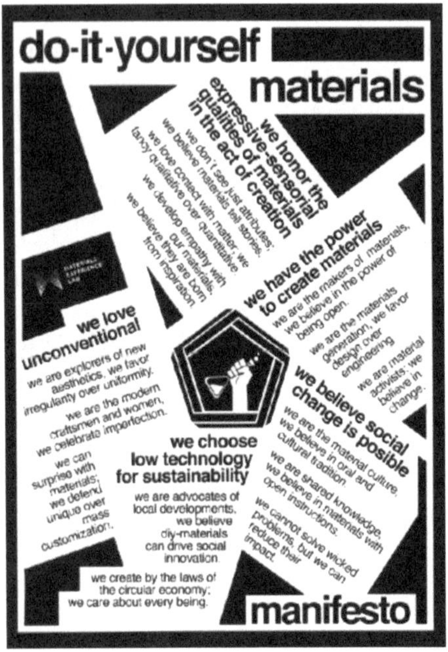

Abb.1 Das Manifest der DIY-Materialien
(Camilo Ayala-García, 2017)

und überlegen, wie sie diese mit einem transdisziplinären Ansatz weiterentwickeln können. Die Methode befähigt die Akteur:innen, in Design und Technologie nach alternativen und unkonventionellen Materialquellen zu suchen und dabei lokal und reichlich verfügbare Substanzen und Inhaltsstoffe zu bevorzugen, die in vielen Fällen ökologische Nachhaltigkeit und soziale Innovationen fördern.

Im Jahr 2015 gründeten wir in der Designabteilung des Politecnico di Milano die DIY- Materialien-Forschungsgruppe[3] und erarbeiteten das DIY-Materialien-Manifest (Abb. 1) mit dem Ziel, Materialien zu entwerfen, um alternative und nachhaltige Lösungen für konventionelle und manchmal auch problematische Materialien zu finden. Dabei wird Material Tinkering als ein iterativer und systematischer Prozess der kreativen Manipulation des Materials zu

3 http://materialsexperiencelab.com/; https://www.diy-materials.com/; #diymaterials; @diymaterials_polimi

Entdeckungs- und Experimentierzwecken angewandt (Parisi et al., 2017). Material Tinkering (Parisi & Rognoli, 2017) ist eine unkonventionelle Herangehensweise an die Materialentwicklung, die kreatives und spielerisches Experimentieren beinhaltet und Innovation durch Spürsinn, Learning by doing sowie Versuch und Irrtum begünstigt. Der Prozess beginnt mit der Auswahl unkonventioneller Materialquellen – die oft als „versteckte" Quellen bezeichnet werden – und mit der Verwendung von Open-Source-„Rezepten" für die Materialherstellung (wie die für DIY-Biokunststoffe, die meist online verfügbar sind). Anschließend werden die Designer:innen oder Student:innen ermutigt, die Rezepte zu zerlegen, indem sie die Rezeptur ändern, indem sie die Proportionen verändern, neue Zutaten hinzufügen und/oder Werkzeuge und Techniken aus anderen Bereichen, oft aus anderen Kulturen und Traditionen, anwenden. Die synergetischen und ungewöhnlichen Kombinationen von Zutaten, Techniken und Kompetenzen fördern die Kreativität und können zu innovativen Materialproben führen. Dies leitet auch die Praktiker:innen auf eine Reise zu unbekannten Zielen, indem Überlegungen zur Materialität angeregt und das Bewusstsein für die grundlegende Rolle der Designer:innen bei der Materialherstellung und als Katalysator für Veränderungen in Industrie und Gesellschaft gefördert werden.

In diesem Prozess werden Tüftler:innen dazu eingeladen, die Möglichkeiten der Quellen zu erweitern, um die ihnen innewohnende Kapazität und Authentizität zu steigern. Als Ergebnis des Materialtüftelns können „Materialentwürfe", noch wenig ausgearbeitete Materialvorschläge, die für die weitere Entwicklung oder als Inspirationsquelle genutzt werden und „Materialdemonstratoren", absichtlich entworfene Muster entstehen, die darauf abzielen, Prozesse oder Qualitätsvarianten wie Farbe, Dicke, Textur zu erforschen und darzustellen (Rognoli & Parisi, 2021).

Wir haben festgestellt, dass Designer:innen in den meisten Fällen ihren Materialentwicklungsprozess mit biobasierten und biokompatiblen Quellen beginnen, die eine nachhaltige Alternative zum linearen Paradigma „Nehmen-Verwenden-Entsorgen" darstellen und ein eher zirkuläres Modell von Ertrag, Verbrauch und End-of-Life-Szenarien vorschlagen. In der Praxis der DIY- Materialien-Forschungsgruppe erweist sich die Natur in vielerlei Hinsicht als Inspiration und Blaupause, die die Materialdesigner:innen ermutigt, einen biobasierten Ansatz für die Entwicklung neuer Materialien für den ökologischen Übergang zu verwenden.

Einführung in die Fallstudien

Dieser Abschnitt veranschaulicht die Ergebnisse des DIY-Materialien-Ansatzes, der in den letzten Jahren an der School of Design des Politecnico di Milano (2015-2021) entwickelt wurde. In diesem Studiengang sollen Design-Studierende lernen, wie man Materialien, ausgehend von einer Materialquelle, entwirft, indem man Inhaltsstoffe, Zusammensetzungen, Rezepte und Prozesse bearbeitet, um Materialentwürfe und Demonstratoren zu erhalten und deren Spezifiken und Darstellungen zu definieren. In den Kursen und Masterarbeiten erstellen die Studierenden Materialproben als Vorschläge oder Konzepte für alternative Materialien in verschiedenen Entwicklungsstadien, vom DIY bis zur Forschung im Labor. Die dafür verwendeten Methoden sind das „Material Driven Design" (MDD; Karana et al., 2015) und der Material Tinkering-Ansatz (Parisi und Rognoli, 2017). Diese Berichte und Verfahren priorisieren das aktive Engagement technisch handelnder Personen an der Entwicklung der Materialien und durchbrechen damit das herkömmliche Paradigma der STEM-gesteuerten Materialien, das die Rolle der menschlichen Akteur:innen auf die Materialauswahl und -anwendung beschränkt. Die MDD-Methode betrachtet das Material als Ausgangspunkt für den Designprozess. Sie konzentriert sich auf den Begriff der Materialerfahrung, d. h. auf die Erfahrungen, die die Nutzer:innen mit den Materialien der Artefakte durch deren sensorische, emotionale, bedeutungsvolle und performative Komponenten machen. Durch das Verständnis der Komplexität eines bestimmten Materials und die Gestaltung zur Verbesserung der Materialerfahrung (Karana et al., 2014; Pedgley et al., 2021) sind Designer:innen in der Lage, Materialien weiterzuentwickeln und sinnvolle Anwendungen zu erkennen.

Alle im Folgenden beschriebenen Fallstudien resultieren aus der Zusammenführung dieser Ansätze in den Experimentier- und Designprozess mit biobasierten und biogefertigten Materialien. Sie wurden in der DIY Materials Research Group als Forschungsprojekte des Teams oder als von der Gruppe betreute Studienabschlussprojekte durchgeführt, einige davon in Zusammenarbeit mit Unternehmen und Designstudios.

Fallstudien mit Mycelium

Myzel kann informell als „die Wurzeln der Pilze" bezeichnet werden. Wenn es in ein biologisches Substrat wie Stroh, Pflanzenfasern, Kaffeepulver und Sägemehl eingeimpft wird, wächst es darauf und vervielfacht seine Größe und Masse in kürzester Zeit, sodass eine weiße und feste Masse mit dem Aussehen und den Eigenschaften von Styropor entsteht. Designer:innen können den natürlichen Wachstumsprozess nutzen und ausrichten, um zur Herstellung von Artefakten einen biogenen Fertigungsprozess zu ermöglichen, der sich von konventionellen Produktions- und Prototyping-Techniken unterscheidet (Karana et al., 2018). Wachsendes Design ist ein langsamer Prozess, der den Rhythmus und die Anforderungen der Natur respektiert und die Zusammenarbeit zwischen Organismen, Designer:innen und der lebenden Materie selbst ermöglicht. Myzel und die daraus gewonnenen Materialien stellen eine nachhaltige und zunehmend greifbare Alternative zu den Materialien petrochemischen Ursprungs dar. Als erneuerbare, weithin verfügbare, biologische und biologisch abbaubare Substanz erweist sich Myzel als eines der vielversprechendsten nachhaltigen Ersatzmaterialien für die Aktivierung der Kreislaufwirtschaft und des Cradle-to-Cradle-Ansatzes. Die Einführung lebender Materialien in den Designbereich zeugt vom zunehmenden Dialog zwischen Design und Wissenschaft (Langella, 2019), die einander gegenseitig inspirieren, um nachhaltige biobasierte Alternativen und neue Produktionsmodelle zu entwickeln, die die Entwicklung einer zirkulären Bioökonomie unterstützen (Yadav et al., 2021).

Für seine Masterarbeit mit dem Titel „A Matter of Time" (Abb. 2) begann Stefano Parisi[4], ein Pionier auf diesem Gebiet, einen experimentellen Prozess mit einem Verbundmaterial auf Myzelbasis. Er

4 Parisi, S. (2015). A matter of time. Master Thesis betreut von Valentina Rognoli. School of Design, Politecnico di Milano, a.a. 2014/2015.

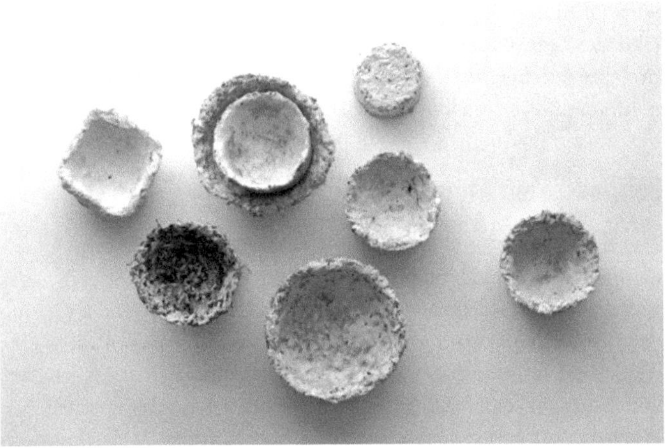

Abb.2 Eine Frage der Zeit von Stefano Parisi
(Foto: A. Pollio, S. Parisi, 2015)

entwickelte es weiter, indem er eine einzigartige und bedeutungsvolle Materialerfahrung im Zusammenhang mit dem Ablauf der Zeit definierte und dabei die echten, spontanen und dynamischen Eigenschaften der Materialien hervorhob. Er fügte zum Beispiel Chia-, Lein- und Flohsamen hinzu, was neue ausdrucksstarke, technische und fertigungstechnische Merkmale ergab, vergleichbar mit Handwerk und Tradition, wie etwa beim Modellieren mit Ton (Parisi und Rognoli, 2017; Parisi et al., 2016).

Im Anschluss an diese Erkundung haben die folgenden Masterarbeiten die Anwendung von Mycelium in verschiedenen Designbereichen erforscht – von der Inneneinrichtung bis zu Schuhen, vom Spielzeugdesign bis zum Fahrradzubehör.

Das Projekt „Organs – organic runners" (Abb. 3) von Deoshree Ravindra Bendre[5], in Zusammenarbeit mit der Firma Flocus[6] und ACBC[7], konzentriert sich auf die Einführung von umweltfreundlichen, biobasierten Materialalternativen im Vergleich zu den be-

5 Ravindra Bendre D. (2021). Organs – organic runners. Masterarbeit, betreut von Valentina Rognoli und Stefano Parisi (Co-Betreuer). Hochschule für Gestaltung, Politecnico di Milano, a.a. 2020/2021

6 https://www.flocus.pro/

7 https://it.acbc.com/

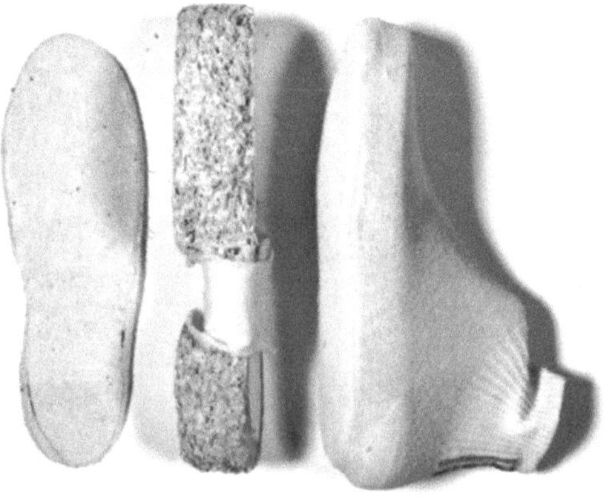

Abb.3 Organs – organische Laufschuhe von Deoshree Ravindra Bendre, 2021
(Foto: Forschungsgruppe DIY-Materialien)

stehenden Materialverwendungen in der Schuhindustrie. Das Thema der Thesis kreist um den Begriff „zurück zur Natur", wobei die Möglichkeiten natürlicher Materialien erkundet und ergründet und pflanzliche und organische Materialien, einschließlich Myzel und Kapokfasern, wieder in die Industrie eingeführt werden.

Das Projekt „MyHelmet" von Alessandra Sisti[8] konzentriert sich auf die Verwendung von Myzel als Materialersatz in der Fahrradindustrie, um systemische Abfälle zu vermeiden (Abb. 4). Dieser Forschungs- und Designprozess führte in Zusammenarbeit mit dem niederländischen Designstudio MOM[9] zum Entwurf eines Fahrrad-

8 Sisti A. (2021). MyHelmet. Masterarbeit, betreut von Valentina Rognoli und Stefano Parisi (Co-Betreuer). Fakultät für Design, Politecnico di Milano, a.a. 2020/2021

9 Sicher für Ihren Kopf, gut für die Umwelt. Wir haben einen „normalen" Fahrradhelm in einen „game-changer" verwandelt. Mit MyHelmet hat die Fahrradindustrie nun die Möglichkeit, den endlosen Strom von schädlichem, systematischem Plastik- und EPS-Müll zu stoppen. Die auf Myzel basierende Technologie passt in die neue zirkuläre Realität, die wir anstreben: Es gibt minimale CO_2-Emissionen, es werden keine fossilen Rohstoffe benötigt und das Ergebnis ist zu 100 % biologisch abbaubar. https://studiomom.nl/en/projects/myhelmet

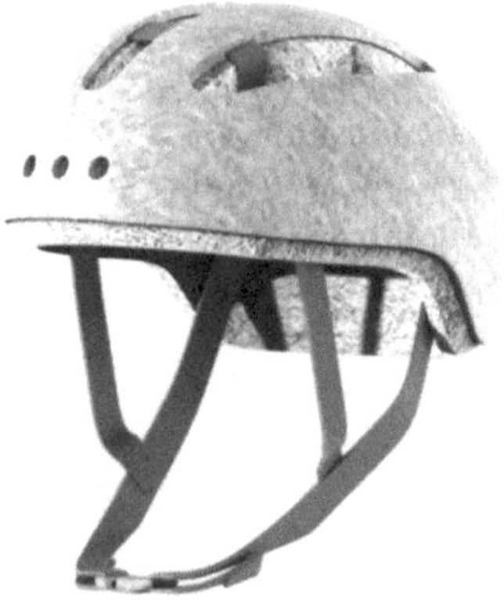

Abb.4 MyHelmet von Alessandra Sisti mit Studio MOM, 2021
(Foto: Forschungsgruppe DIY-Materialien)

helms aus Myzel. Das Projekt wird mit Stoßdämpfungstests, Materialvergleiche, FEM-Analysen[10], LCA-Bewertungen und Analysen der aktuellen Sicherheitsvorschriften und -normen begleitet.

Fallstudie mit Algen

Algen bilden eine große Familie von Organismen, aus denen Fasern, Pigmente oder Pulver gewonnen werden, die zur Herstellung von

10 Die Finite-Elemente-Methode (FEM), auch Methode der finiten Elemente und Finite Element Analysen (FEA) genannt, ist ein allgemeines, bei unterschiedlichen physikalischen Aufgabenstellungen angewendetes numerisches Verfahren. Ein Haupteinsatzgebiet der Methode ist die Produktentwicklung, wobei unter anderem mechanische Festigkeitsberechnungen einzelner Komponenten oder beispielsweise komplette Fahrwerks- und Karosseriestrukturen berechnet werden, um aufwändige Crashtests zu sparen. https://de.wikipedia.org/wiki/Finite-Elemente-Methode (24.10.2023). Unter LCA (Life Cycle Assessment), zu deutsch: Ökobilanz, ist eine systematische Analyse der Umweltwirkungen von Produkten, Verfahren oder Dienstleistungen entlang des gesamten Lebenswegs zu verstehen.

Abb. 5 Einige der Ergebnisse des Workshops am Politecnico di Milano mit Algae Geographies von Algae Platform, Atelier Luma. Broken Nature, Triennale di Milano (Foto: Z. Zhou, 2019)

Materialien aus erneuerbaren, reichlich vorhandenen und biologisch abbaubaren Quellen verwendet werden können.

Die DIY-Materials Research Group/Materials Experience Lab und Algae Geographies von der Algenplattform Atelier Luma[11] haben einen dreitägigen Workshop und Forschungsraum organisiert, um das Potenzial von Biopolymeren auf Algenbasis zu erforschen. Das im Workshop verwendete Material wurde von Atelier Luma hergestellt und bestand aus Biokunststoff und Mikroalgen mit einer PLA-Matrix[12] in Form von Fäden und Pellets. Die Algen werden zum einem aus ästhetischen Gründen verwendet, um für Färbung, Textur und einzigartige visuelle Effekte zu sorgen, und zum anderen aus funktionalen Gründen, um die ökologischen und mechani-

11 https://atelier-luma.org/en/projects/algae-platform

12 Eine programmierbare logische Anordnung, häufig in englischsprachiger Fachliteratur als Programmable Logic Array oder kurz PLA bezeichnet, ist eine Form der programmierbaren logischen Schaltung, die aus zwei hintereinander geschalteten UND- und ODER-Matrizen besteht. Eine seltener verwendete Bezeichnung ist Fieldprogrammable Logic Array (FPLA). Siehe: https://de.wikipedia.org/wiki/Programmierbare_logische_Anordnung (24.10.2023)

schen Eigenschaften der Materialien zu beeinflussen. Während des dreitägigen Workshops hat eine Gruppe von Designstudent:innen, Akademiker:innen und Praktiker:innen das vom Atelier Luma zur Verfügung gestellte Material in Zusammenarbeit mit ihren Designer:innen und Forscher:innen und mit Benützung der Infrastruktur und der Werkzeuge des Prototypen-Workshops des Politecnico di Milano bearbeitet und damit experimentelles Arbeiten ermöglicht. Die traditionellen Techniken zur Bearbeitung von Polymeren, wie Blasformen, Thermoformen und/oder fortschrittlichen Verfahren wie 3D-Druck, wurden mit unkonventionellen Verfahren aus dem Handwerk und der Kreativität der Teilnehmer:innen gemischt und gekreuzt, hybridisiert (Abb. 5).

„A Matter of Clay", ein Projekt von Elena Rausse[13], konzentriert sich auf neue mögliche Ausdrucksmöglichkeiten des keramischen Materials. Ausgehend von einer territorialen Untersuchung der Stadt Nove in Italien[14], die seit 1400 für ihre Keramikverarbeitung berühmt ist, konzentrierte sich die Forschung auf den Wunsch, Keramikmaterial durch Hybridisierung mit anderen natürlichen Materialien der Region zu erneuern. In Anbetracht des nahegelegenen Flusses wurden Algen, die sich in unmittelbarer Nähe befinden, als geeignete Elemente für die Hybridisierung identifiziert (Rognoli und Rausse, 2020). Die Algen haben sich aufgrund ihrer Reproduktionsgeschwindigkeit und Erneuerbarkeit als hervorragendes Element erwiesen. Sie wurden sowohl für die Hybridisierung des Materials vor dem Brennen (auf der weichen Masse) als auch nach dem Brennen (als Finish) verwendet, was neue Ergebnisse und Ausdrucksmöglichkeiten des Materials eröffnet (Abb. 6, 7). Auf der weichen Masse wirken die Algen als Verdickungsmittel und ermöglichen, sehr dünne Wandstärken und sehr leichte Objekte herzustellen, während die Produkte gleichzeitig widerstandsfähig bleiben. In der Endbearbeitung wirken sie als Glasur auf natürlicher Basis, weil die Metalle, die sie während ihres Lebens im Wasser aufgenommen haben, die Oberfläche der Keramik in unerwarteten Farben pigmentieren. Diese neuen Szenarien ermöglichen neue Verwendungsmög-

13 Rausse E. (2019). A Matter of Clay. Masterarbeit, betreut von Valentina Rognoli. School of Design, Politecnico di Milano, 2018/2019.

14 Nove ist eine kleine Stadt in der italienischen Provinz Vicenza

Abb.6, 7 A Matter of Clay (Fotos: E. Rausse, 2019)

lichkeiten für Keramik: Dieses neue Material wird wieder in den Wirtschaftskreislauf der Stadt Nove eingeführt und kann ein Ausgangspunkt für die Erneuerung der Keramikkultur der Stadt sein.

Fallstudien mit Materialien tierischen Ursprungs

In der Forschungsgruppe DIY-Materialien erforschen wir auch die von der Natur bereitgestellten und vom Menschen hauptsächlich für die Lebensmittelproduktion genutzten Materialquellen. Meistens werden Nebenprodukte und Abfallstoffe aus der Lebensmittelindustrie entsorgt, ohne als wertvolle Materialien betrachtet zu werden, die wieder in einen Produktionskreislauf integriert werden könnten. Abfallstoffe können zu einer Ressource für neue nachhaltige und umweltverträgliche Materialien werden. Dabei handelt es sich um Nebenprodukte tierischen Ursprungs, wie Häute, Knochen, Schuppen, Schalen usw. Bei den Lebensmittelabfällen, die in den verschiedenen Phasen des Produktionszyklus anfallen, handelt es sich um sehr unterschiedliche Mengen, die bis zu 50 % des Ausgangsmaterials ausmachen können. Daher sind Unternehmen und Produzenten gezwungen, sich mit dem Problem der Entsorgung dieser Abfälle auseinanderzusetzen. Manchmal wird das Restmaterial teilweise

Abb. 8 Fish Left (L)over (Foto: C. Catalani, 2019)

für die Herstellung von Lebensmitteln, Kompost und Biokraftstoffen verwendet. Angesichts der Fülle und der unterschiedlichen Zusammensetzung dieser Abfälle ist in den letzten Jahren jedoch ein wachsendes Interesse an ihnen und eine Suche nach Methoden für weitere Anwendungen zu verzeichnen.

Das Projekt „Fish Left-(L)over" von Claudia Catalani untersucht, wie die bei der Lebensmittelverarbeitung von Fischen entstehenden Abfallprodukte als wertvolle Quelle für neue Materialien mit nützlichen Eigenschaften, etwa wegen der biologischen Abbaubarkeit, verwendet werden könnten. Mehr als ein Viertel der Abfälle des Fischfangs wird weggeworfen. Dies hat nicht nur erhebliche Auswirkungen auf die Umwelt, sondern führt auch zu einem Verlust des potenziellen Werts dieser Produkte. Der Druck zur Verringerung der unerwünschten Beifänge der EU- Fischereiflotten und der Erreichung der EU-Ziele für ein intelligentes und grünes Wachstum wächst, sodass es notwendig ist, viele der Prozesse in der Lieferkette von Fischerei und Aquakultur in Italien zu überdenken. In dieser Thesis wurden die Abfälle von Fischhandlungen und die Eigenschaften von Fischhaut, -schuppen und -gräten untersucht. Für das Projekt arbeitete C. Catalani mit dem italienischen Unternehmen Bue Marine Service[15] zusammen, das im Rahmen des Projekts „Adriatic Skin“[16] Fischleder hergestellt hat. Dabei werden Fischhautabfälle wiederverwertet und die Reste in ein neues Material umgewandelt, für das innovative und bedeutende Anwendungsmöglichkeiten entwickelt wurden. Darüber hinaus wurden mit einem DIY-Ansatz mit Schuppen und Gräten experimentiert. Ziel war es, ein nützliches, funktionelles und umweltfreundliches Material zu finden, das eine Alternative zu nicht erneuerbaren Ressourcen darstellen könnte (Abb. 8).

Im Projekt „Entwicklung und Szenario von DIY-Materialien auf der Basis von Muschelschalen“ konzentrierte sich Chiara Stopponi[17] auf die Selbstproduktion verschiedener Materialien, die auf der Basis von Muschelschalen, die in den verschiedenen Phasen der Lebensmittelproduktion und des Konsums weggeworfen werden, in Kombination mit natürlichen Bindemitteln wie Kasein, Glycerin und Polymilchsäure (PLA) hergestellt werden können (Abb. 9, 10). Ziel ist es, biologisch abbaubare und sich selbstproduzierende Materialien herzustellen. Das vielversprechendste Ergebnis des Experiments ist ein Filament, das für den 3D-Druck verwendet werden kann. Das für die Verwendung dieser Materialien vorgesehene Szenario ist das eines künftigen „Kreislaufrestaurants“, in dem gemäß den Grundsätzen der Kreislaufwirtschaft der Output, also der Abfall, als Input, als Ressource, für das „Restaurant“ selbst wieder in den Kreislauf integriert wird. Die Wiederverwendung von Lebensmittelabfällen verleiht dem daraus gewonnenen Material nicht nur einen ausdrucksstarken und funktionalen Wert, sondern zielt auch darauf ab, das Bewusstsein für das Problem der Wegwerfkunststoffe und deren sofortige Entsorgung nach Gebrauch zu schärfen.

15 http://www.blumarineservice.it/

16 http://www.adriaticskin.com/

17 Stopponi C. (2018). Sviluppo e scenario di DIY-Materials a base di gusci di mitili. Dissertation, betreut von Valentina Rognoli und Stefano Parisi (Co-Betreuer). School of Design, Politecnico di Milano, 2017/2018.

Abb.9, 10 Entwicklung und Szenario von DIY-Materialien auf Basis von Muschelschalen (Fotos: C. Stopponi, 2018)

Fallstudien mit pflanzlichen Materialien

Die pflanzliche Welt wird seit jeher als Quelle von Lebensmitteln und Medikamenten betrachtet, wir lassen uns aber nur selten davon inspirieren, um unsere Lebensqualität zu verbessern.

Barbara Cerlesi[18] führte ein Masterprojekt durch, das sich mit der Frage nach der Sprache und den Kommunikationsfähigkeiten von Pflanzen befasste: Könnten die von Pflanzen erzeugten Farben als Schnittstelle für Menschen und Designer dienen? Aus neuesten wissenschaftlichen Erkenntnissen wissen wir, dass Pflanzen Tausende von Sprachen entwickelt haben, wobei sie alle ihre Sinne nutzen. Um eine von ihnen – die Farbe – besser zu verstehen, beschloss Cerlesi, ihre Forschung auf Gräser zu konzentrieren, die am häufigsten vorkommenden pflanzlichen Organismen. In dem Projekt hinterfragt sie die Möglichkeit, wie Pflanzen auf Umwelteinflüsse reagieren, indem sie Pigmente produzieren, um diese Vorgänge zu archivieren, zu studieren, zu verstehen, um sie dann als Design- und Inspirationsinstrument für die Kreativindustrie verwenden zu können.

Indem sie die Rolle der Designerin als Übersetzerin einnahm, entwickelte Cerlesi eine Methode zur Extraktion und Analyse von Pigmenten durch eine abgewandelte Version der Chromatographie,

18 Cerlesi B. (2019). Die Natur befiehlt die Farbe. Ein forschungsbasiertes Projekt über die Intelligenz der Pflanzen und die Frage nach der Rolle der Designer heute. Masterarbeit, betreut von Valentina Rognoli und Stefano Parisi, Manuela Bonaiti (Co-Betreuerin). Fakultät für Design, Politecnico di Milano, 2018/2019.

Abb.11 „ReGrowth“-Anwendung in der Kleidung. (Foto: N. Guarino, 2022)

um sie in einer Datenbank – der Grass Map[19] – zu archivieren und alle Designmöglichkeiten zu erkunden, die diese Forschung eröffnete. Aus dieser Forschung ging Nature Commands Colour (NCC) hervor. NCC ist eine Farbpalettensoftware für Designer:innen, von Cerlesi erstellten, von Gräsern abgeleiteten Datenbank. Sie hilft auch bei der Gestaltung von Mustern, die von den in der Natur gefundenen inspiriert sind. NCC führt Designer:innen dahin, die Zeitbedingtheit, Saisonalität und Ortsgebundenheit der aus Gras gewonnenen Farbpalette zu akzeptieren. Das Konzept, die Pflanze für natürliche Farbstoffe zu nutzen, wird auf verschiedenen Ebenen erforscht und bietet eine Reihe von Designmöglichkeiten, die als Zukunftsszenarien oder Modelle entwickelt wurden – von der Nutzung des tatsächlichen Farbstoffs für Biopolymere und die Pigmentierung von Naturfasern, insbesondere für nachhaltige Kleidung, über die Nutzung der von NCC abgeleiteten digitalen Farbe für die Kommunikation bioorientierter Marken bis hin zu „social design“, bei dem die Palette genutzt werden kann, um die Menschen über die Gesundheit von Gras, Atmosphäre und Böden zu informieren.

19 http://www.grass-map.com/

Das Projekt „ReGrowth" (Abb. 11) von Nicola Guarino (2022) erweitert die Verwendung von Pflanzen im Designbereich und konzentriert sich auf die Verwendung biobasierter Materialien und lebender Pflanzen im Bekleidungsdesign. Die Arbeit verweist auf Möglichkeiten für erneuerbare und kompostierbare Ressourcen einer nachhaltigeren Modeindustrie, einer neuen Ästhetik und auf die Einführung neuer Kundenerfahrungen, die auf den Zeitzyklen der Mode basieren, die durch das Wachstum und die Abbaubarkeit von Pflanzen bestimmt wird.

Schlussfolgerungen

Technisch aktive Fachbereiche im Rahmen von Design und Technik sind zunehmend auf der Suche nach experimentellen Praktiken, die die materielle Seite miteinbeziehen. Diese Neugier ist Ausdruck eines wachsenden Bewusstseins und einer stabilen ethischen Haltung gegenüber den Umweltproblemen, die bestimmte Materialien in der Praxis der Design- und Technologieerziehung auslösen können, sowie gegenüber den Auswirkungen auf den Lebenszyklus der Produkte und die Rolle der Materialien in der Umwelt. Indem sie über das „Ende des Lebens" nachdenken und sich verpflichten, ihre Praktiken auf zirkuläre und regenerative Modelle umzustellen, experimentieren die Akteur:innen in diesem Bereich hauptsächlich mit Quellen organischen Ursprungs, wobei sie manchmal Abfallmaterialien nutzen und manchmal eine artenübergreifende Designzusammenarbeit mit lebenden Organismen wie Pilzen und Algen programmieren. Diese Arbeit sollte anhand einer Reihe von Fallstudien aus dem Bereich des DIY-Materialdesigns die Wirksamkeit der MDD-Methode in Kombination mit einem DIY-Material-Ansatz und der Aktivität des Tinkerings aufzeigen, um die Entwicklung alternativer, nachhaltiger und zirkulärer Materialien zu erleichtern, die durch Narrative und Geschichten das endgültige Materialerlebnis verbessern. Die Ergebnisse machen deutlich, dass bio-getriebene Materialitäten nicht nur im Prozess der Förderung eines materiell-ökologischen Übergangs zu einer umweltverträglicheren produktiven Zukunft von grundlegender Bedeutung sind, sondern auch, wie diese materiellen Agenturen und die Narrative, die durch ihre Existenz motivieren, einen radikalen Wandel hin zu toleranteren, transversalen, kollaborativen und integrierten ökologischen Lebenspraktiken initiieren. Vor diesem Hintergrund kann MDD die Schüler:innen für Umweltbedingungen sensibilisieren und Materialkompetenz und Technologieethik bei der Auswahl und Anwendung von Materialien mit ökologischer Wirkung fördern.

Literatur

Ayala-García, C., Rognoli, V., and Karana, E. (2017). Five Kingdoms of DIY Materials for Design. Proceedings of *EKSIG 17 – Alive. Active. Adaptive – Experiential Knowledge and Emerging Materials,* 19-20 June, Rotterdam, The Netherlands

Ayala-García, C. (2019). *The materials generation. The emerging experience of DIY-Materials.* Unpublished PhD Thesis, supervised by Valentina Rognoli and Elvin Karana (co-supervisor), PhD in Design, Politecnico di Milano – defended in February 2019.

Jacob, F. (1977). Evolution and Tinkering. *Science*, (196) 4295, 1161-1166 https://doi.org/10.1126/science.860134

Karana, E, Barati, B., Rognoli, V., and Zeeuw van der Laan, A. (2015). Material driven design (MDD): A method to design for material experiences. *International Journal of Design*, 9(2), pp.35-54.

Karana, E., Blauwhoff, D., Hultink, E. J., & Camere, S. (2018). When the material grows: A case study on designing (with) mycelium-based materials. *International Journal of Design,* 12(2), 119-136

Karana, E., Pedgley, O., and Rognoli, V. (Eds.) (2014). *Materials Experience: Fundamentals of Materials and Design.* Butterworth-Heinemann: Elsevier, UK. ISBN: 9780080993591

Langella, C. (2019). *Design & scienza.* ListLab.

Parisi, S., Rognoli, V., Ayala-García, C. (2016). Designing Materials Experiences through passing of time. Material Driven Design Method applied to mycelium-based composites. Proceedings of *10th International Conference on Design & Emotion*, September 2016, Amsterdam, The Netherlands, pp.239-255.

Parisi, S., Rognoli, V. (2017). Tinkering with Mycelium. A case study. *Proceedings of EKSIG 17 – Alive. Active. Adaptive – Experiential Knowledge and Emerging Materials,* 19-20 June, Rotterdam, The Netherlands.

Parisi, S., Rognoli, V., and Sonneveld, M. (2017). Material Tinkering. An inspirational approach for experiential learning and envisioning in product design education. *The Design Journal*, 20, S1167-S1184. https://doi.org/10.1080/14606925.2017.1353059

Pedgley, O., Rognoli, V., and Karana E. (Eds.) (2021). *Materials Experience 2: Expanding Territories of Materials and Design*. Butterworth-Heinemann: Elsevier, UK. ISBN: 9780128192443

Pollini, B., and Rognoli, V. (2021). Early-stage material selection based on life cycle approach: Tools, obstacles and opportunities for design. *Sustainable Production and Consumption*, 28, 1130–1139. https://doi.org/10.1016/j.spc.2021.07.014

Rognoli, V., Bianchini, M., Maffei, S., and Karana, E. (2015). DIY Materials. *Materials & Design Journal*, 86, 692–702. https://doi.org/10.1016/j.matdes.2015.07.020

Rognoli, V., Pollini, B., and Santulli, C. (2017). La progettazione dei DIY-Materials come processo di invenzione. *DIID, Disegno industriale Industrial Design*, Actually Design, n 62/63

Rognoli, V., Rausse, E. (2020). Emotional Engagement with Materials: Observation on Material Dialogue Between Potter and Clay. *Diseña*, 17, 160-181. Santiago: Escuela de Diseño. Pontificia Universidad Católica de Chile

Rognoli, V., and Ayala-Garcia, C. (2021). Defining the DIY-Materials approach. In: *Materials Experience 2: Expanding Territories of Materials and Design*, O. Pedgley, V. Rognoli, and E. Karana (eds.), Butterworth-Heinemann: Elsevier, UK, 227-258.

Rognoli, V., and Parisi, S. (2021). Material Tinkering and Creativity. L. Cleries, V. Rognoli, S. Solanki, P. Llorach (eds.) *Material Designers. Boosting talent towards circular economies*, 18-24. Retrieved from: http://materialdesigners.org/Book/

Yadav, B., Atmakuri, A., Chavan, S., Tyagi, R. D., Drogui, P., and Pilli, S. (2021). The Role of Bioeconomy in Circular Economy. *Biomass, Biofuels, Biochemicals*, A. Pandey, R. D. Tyagi, and S. Varjani (Eds.), pp. 163–195. Elsevier. https://doi.org/10.1016/B978-0-12-821878-5.00022-2

Cornelia Zobl

Material Literacy

Zu den Möglichkeiten für das (neue) Unterrichtsfach „Technik und Design"

Material Literacy ist ein Konzept, das Mitte bis Ende des 20. Jahrhunderts als eigenständiger Diskursstrang in unterschiedlichen Kontexten, wie etwa im Design und den Materialwissenschaften, und in den Kultur- und den Sprachwissenschaften[1], aufkam. Gerade der design- und materialtheoretische Diskursstrang bietet – so möchte ich im Anschluss an den vorherigen Artikel von Ayala-Garcia et al. (in diesem Band, S. 82-100) herausarbeiten – Möglichkeiten für Überlegungen zur inhaltlichen Ausrichtung des neuen Fachs Technik und Design.

Die noch ausstehende Zusammenlegung der Fächer Technisches Werken und Textiles Werken zum neuen Fach Technik und Design in der Primarstufe wirft gerade auf dieser Ebene Fragen auf: Wie können die Fächer so verbunden werden, damit beiden entsprochen wird und beide im neuen Fach produktiv aufgehen? Wie können die unterschiedlichen Tradierungen der beiden Fächer verbunden werden? Doch auch für die bereits vollzogene Zusammenlegung zum Schulfach Technik und Design in der Sekundarstufe I können daraus interessante Aspekte abgeleitet werden, um die Transformation des Faches im Sinne des curricularen Fachverständnisses voranzutreiben.

Wurde bzw. wird das Textile Werken als verfahrensbasiertes Fach konzipiert (laut Curriculum) und dementsprechend unterrichtet, so wurde bzw. wird das Technische Werken durchaus materialbasiert konzipiert und von den Lehrer:innen auch so unterrichtet[2]. Anders ausgedrückt fokussiert das Textile Werken ausgehend vom Produkt auf Verfahren wie Sticken, Färben, Drucken etc., während

1 Für einen Überblick zur Material Literacy siehe Kathy Mills (2016).

2 Ich bedanke mich bei HS-Prof. Dr. Marion Starzacher für diesen interessanten und wichtigen Hinweis.

das Technische Werken häufig Materialien wie Papier und Holz als Ausgangspunkt für Fragen von Eigenschaften, Herstellung und Bearbeitbarkeit etc. seiner Endprodukte nimmt. (Vgl. Lehrpläne der Volksschule TEC & TEX 2007) Gleich ist beiden Fächern, dass das Produkt im Zentrum steht. Material Literacy fordert, wie der Artikel von Ayala-Garcia et al. ebenfalls zeigt[3], eine Relationierung von Materialität und Produkt. Verfahrensweisen dienen dabei der Erschließung neuer Materialanwendungen bzw. können zu neuen Materialien und Produkten führen. Im Folgenden wird demnach der Frage nachgegangen, was der konsequente Fokus auf unterschiedliche Überlegungen zu Material Literacy für die Verbindung von Technischem und Textilen Werken für das neue Fach Technik und Design bedeuten könnte.

Material Literacy in Design und Materialwissenschaften

Ein wichtiger designtheoretischer Meilenstein in der Entwicklung des Konzepts der Material Literacy ist die Veröffentlichung des Buches „Material Matters: New Materials in Design" von Material ConneXion[4] im Jahr 2007 (vgl. Dent & Sherr 2007). In diesem Buch wird das Konzept der Material Literacy aus designtheoretischer Perspektive prominent beschrieben und diskutiert. Auch heute widmen sich Material ConneXion nach wie vor intensiv dem Thema der Material Literacy. Diese wird als die Fähigkeit verstanden, Materialien zu ‚verstehen', zu analysieren und zu bewerten, um fundierte Entscheidungen in Bezug auf ihre Verwendung zu treffen. Material Literacy umfasst das Verständnis von Materialien auf molekularer Ebene, deren Eigenschaften, Herkunft, Verarbeitung, Nachhaltigkeit und

3 Ayala-Garcia et al. sprechen in ihrem Artikel nicht von Material Literacy sondern von einem Do-it-Yourself Ansatz, der das Material-Tinkering als Methode in den Mittelpunkt stellt.

4 Material ConneXion ist eine Gruppe von internationalen Designer:innen und Materialwissenschaftler:innen, die sich Anfang der 2000er Jahre formierte. In Materials Matter III erläutern sie ihren Beweggrund so: „Materials Matter. From sparking inspiration to solving a design challenge, materials have the power to transform ideas into reality. We believe the right material choices can invigorate design, revolutionize industries, and create better, more sustainable environments. We believe every idea has a material solution". (Material ConneXion 2009, S. 5)

Auswirkungen auf die Umwelt und die Gesellschaft. Material ConneXion betrachtet Material Literacy als ein wichtiges Werkzeug, um Innovationen in der Materialwissenschaft und -technologie zu fördern, sowie um Designer:innen, Ingenieur:innen, Architekt:innen und andere Fachleute dabei zu unterstützen, Materialien zu wählen, die ihren Bedürfnissen und Anforderungen am besten entsprechen. (Vgl. materialconnexion.com o.J., Online)

Durch ein tiefergehendes und umfassendes Verständnis von bestehenden Materialien und der gezielten Neuentwicklung, die sowohl die Produkte als auch unterschiedliche Ökosysteme im Blick haben, sollen Innovationen in der Produktion von Produkten angeregt werden, die sich u.a. in deren ökologischer und ökonomischer Nachhaltigkeit zeigen. Spannend hierbei ist, dass Innovationen in der Materialentwicklung in absoluten Zahlen gesehen immer schon einen weit größeren Anteil ausgemacht haben als Innovationen im Bereich des Produktdesigns.[5] Innovationen sind zu großen Teilen die Folge von Materialinnovationen (vgl. Gesellschaft der Deutschen Chemiker 2018, S. 3). Die systematische Relationierung von Material- und Produktentwicklung ist im Begriff der Material Literacy angelegt. Sie fordert Produktentwickler:innen und Designer:innen heraus, Produkte konsequent vom Material her zu denken. Materialien können so zu neuen Anwendungen führen, oder Produkte können über konsequentes Materialdesign ihrer Funktionalität entsprechender entworfen werden.

Vom Material ausgehend

Ein Beispiel für ein materialbasiertes Produktdesign bietet unter anderem die indische Designerin Maria Idivula Kurian. Sie reagiert mit ihrem Design auf den stetig wachsenden Konsum von Einweg-Kunststoffflaschen und -bechern. Eine Million Plastikflaschen wurden jede Minute im Jahr 2018 weltweit gekauft, deren Menge sich bis heute vervielfacht hat. Das wachsende Problem des Kunststoffmülls

5 Die Gesellschaft Deutscher Chemiker (2018) weist in einem ihrer Positionspapiere darauf hin, dass „nahezu 70% aller Innovationen […] direkt oder indirekt von Materialinnovationen ab[hängen].“ (Ebd. S. 3) Materialinnovationen sind daher von „zentraler Bedeutung“ um die Herausforderungen des 21. Jahrhunderts zu lösen (vgl. ebd. S. 3).

Abb.1 Maria Idivula Kurian hat einen Wasserbecher entwickelt, der sich nach dem Gebrauch vollständig zersetzt. (Bildquelle vgl. Stott 2017)

beruht vor allem auf der extremen Beständigkeit von herkömmlichen Kunststoffen, wie dem für Kunststoffbehälter häufig verwendeten PET. Das Verrotten einer solchen PET-Flasche dauert etwa 400 Jahre und produziert dabei gefährliches Mikroplastik. Kurian verwendet für die Produktion ihrer Kunststoffflaschen und -becher Gelatine oder Reisstärke. Je nach Schichtdicke können diese einige Sekunden oder über längere Zeiträume ihre Integrität behalten, bevor sie sich nach dem Kontakt mit Wasser völlig auflösen und keine schadhaften Rückstände hinterlassen. (Vgl. Solanki 2022, S. 194–197) Produkte wie z.B. Trinkbecher in Arztpraxen, Apotheken, Shops etc. werden meist nur für wenige Augenblicke benötigt. Die extreme Beständigkeit des zugrunde gelegten Materials, nämlich zumeist PET, entspricht daher nicht deren funktionalem Anspruch. In Design- und Produktionsfragen kommt es zu einer Verschiebung bzw. einem Miteinbezug von der Form hin zur Materialität, wie sich anhand Kurians materialbasiertem Design zeigen lässt. Durch die konsequente materialbasierte Anwendung kann Funktionen von Produkten besser entsprochen werden, als bei Produkten, die mit herkömmlichen bzw. etablierten Materialien gefertigt werden. So sind auch viele andere Produkte aus Kunststoff, wie z.B. Kunststoffflaschen aus PET, beständig, lebensmittelecht und leicht, jedoch nicht an die kurzlebige Konsumdauer angepasst.

Gegenwärtige Lösungen sehen eine Kreislaufwirtschaft durch Recyclingprozesse vor. Diese gestaltet sich in der Realität jedoch als unzureichend und äußerst aufwendig.[6] Ökologische und ökonomische Problemlagen, die sich durch die strukturell und materiell eingeschränkte Recyclebarkeit von Kunststoffen ergeben[7], könnten durch materialbasierte Herstellungsprozesse weitgehend vermieden und damit ‚intelligent(er)' werden. Die Sensibilisierung und Förderung gegenüber Material Literacy von Designer:innen, Techniker:innen und Ingenieur:innen erscheint als wichtige Möglichkeit für Materialentwicklung und Produktinnovationen im Kontext gesteigerter Funktionalität im Sinne der ökonomischen, ökologischen und sozialen Nachhaltigkeit.

Interdisziplinarität und Multiprofessionalität

Material Literacy relationiert jedoch nicht nur Material und Produkt, sondern – wie bereits angedeutet – auch die Gruppe der Designer:innen und Materialwissenschaftler:innen. Interdisziplinarität bzw. interdisziplinäres Denken und Handeln ist eine wichtige Voraussetzung, um die Ziele bzw. Vorstellungen von Material Literacy erreichen zu können. Macht es sich „material ConneXion" zur Aufgabe, Produkthersteller:innen und Designer:innen materialtheore-

6 Bis 2030 soll laut einem Strategiepapier der Europäischen Union die Kreislaufwirtschaft für Kunststoffe maßgeblich verbessert werden. So werden etwa nur 30% der Kunststoffabfälle dem Recycling zugeführt, während 70% des Kunststoffmülls im Meer oder anderen natürlichen Umgebungen landet und erhebliche ökologische Schäden verursacht. Eine Verbesserung des Sammelsystems erscheint wichtig. Kunststoffverpackungen sollen bis 2030 so hergestellt werden, dass diese entweder direkt wiederverwendet oder sortenrein dem Recycling zugeführt werden können. Wegwerfprodukte, wie Coffee-To-Go-Becher etc. sollen generell verboten werden. (Vgl. BMK.gv.at o.J., Online)

7 Beim Recycling von recyclebaren Kunststoffen handelt es sich um einen Downcycling-Prozess, d.h. die Kunststoffe verlieren durch den Recycling-Prozess an Qualität. Nach etwa 10 Recycling-Prozessen sind recyclebare Kunststoffe nicht mehr bzw. nur noch eingeschränkt verwendbar. (Vgl. Umweltberatur.at 2023, Online)

tisch zu informieren oder serviceorientierte Lösungen für konkrete Produktvorstellungen zu liefern, zeigen sich vor allem universitäre Einrichtungen bereits multiprofessionell: Im Team des MIT Media Lab der assoziierten Professorin Neri Oxman gibt es Expert:innen für Informatik, digitale Herstellungsverfahren, Materialwissenschaften und synthetische Biologie (vgl. media.mit.edu o.J., Online). Künstler:innen, Designer:innen, Natur- und Materialwissenschaftler:innen, Ingenieur:innen arbeiten an neuen Materialien und Verfahrensweisen für architektonische Bauwerke, die nicht länger nur den Menschen, sondern auch die Natur in den Mittelpunkt stellen. Architektur wird in Oxmans Team konsequent von den Materialitäten her gedacht. (Vgl. Oxman.com 2023, Mission) Verfahren dienen dazu, um bekannte Materialien anders verstehen und einsetzen zu können. Der 3D-Druck von Glas beispielsweise ist für Oxmans Team eine Möglichkeit, einen tradierten Werkstoff für Anwendungen neu zu entdecken. (Vgl. Oxman.com 2023, Projects) Oxman führt dazu auf ihrer Homepage aus:

> *"Ancient yet modern, enclosing yet invisible, glass was first created in Mesopotamia and Ancient Egypt 4,500 years ago. Precise recipes for its production – the chemistry and techniques – often remain closely guarded secrets. Glass can be molded, formed, blown, plated or sintered; its formal qualities are closely tied to techniques used for its formation.*
>
> *From the discovery of core-forming process for bead-making in ancient Egypt, through the invention of the metal blow pipe during Roman times, to the modern industrial Pilkington process for making large-scale flat glass; each new breakthrough in glass technology occurred as a result of prolonged experimentation and ingenuity, and has given rise to a new universe of possibilities for uses of the material."* (Oxman.com 2023, Projects)

Erst das Experiment mit ausgewählten Materialien führte und führt zu Innovationen im Einsatz dieser. Oxmans Ansatz ist es, sowohl bekannte Materialien durch naturwissenschaftliche und technische Verfahren neu zu definieren und in der Natur auf neue Materialien und Materialkombinationen zu stoßen, als auch sich aus der Natur zu neuen Anwendungen inspirieren zu lassen. Passend spricht Oxman vom neuen Zeitalter der „biologischen Alchemie" (vgl.

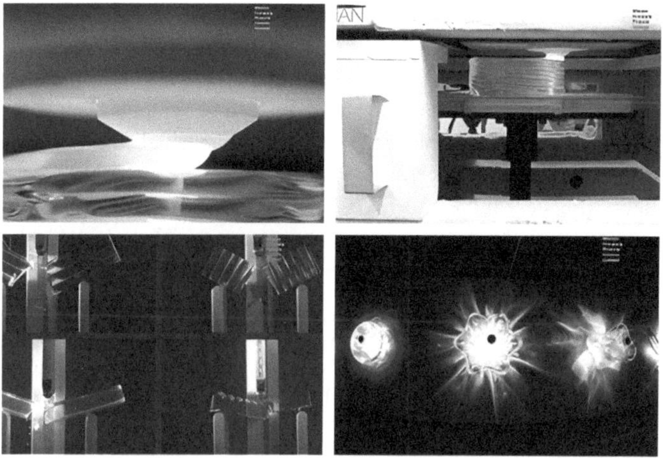

Abb.2 Filmstills aus Oxmans Glass I, Video (Fotos: https://oxman.com/mission)

Oxman.com, Projects) Glas im 3D-Druck zu verarbeiten, führt zu veränderten mechanischen, akustischen und optischen Eigenschaften, wie eindrucksvoll und auf sinnliche Art und Weise in ihrem Video „Glass I“ dargestellt wird (vgl. Abbildung 2).

Eine Bedeutung, die sich für die Material Literacy aus dem design- und materialwissenschaftlichen Diskurs ergibt, ist, dass einerseits auf technologischer Ebene Material und Produkt radikal relationiert werden. Dies hat mitunter zur Folge, dass Designer:innen und Materialwissenschaftler:innen und Produkthersteller:innen eng(er) zusammenarbeiten müssen. Multiprofessionelle Teams sind unerlässlich für die Idee der Material Literacy, da das Konzept das interdisziplinäre und multiprofessionelle Denken und Handeln mit dem Ziel, Produkte aus Materialien zu erzeugen, die sich im Sinne einer ökologischen, ökonomischen und sozialen Nachhaltigkeit als funktional erweisen, fordert und fördert.

Was bedeutet dies für den schulischen Unterricht?

Für das Schulfach „Technik und Design“ sind die Überlegungen zur Material Literacy erste Anhaltspunkte, die nicht alle völlig neu sind. Vor allem das interdisziplinäre Denken und Handeln erweist sich in den Feldern Technik und Design als Voraussetzung. Dies zeigen Ayala-Garcia et al. anhand der beschriebenen Projekte in diesem Band. Der Technikphilosoph Joseph Pitt schreibt in einem seiner Aufsätze, dass sich technisches Denken und Handeln als spiralförmige Vorwärtsbewegung verstehen lässt, das nach allen disziplinären Seiten hin informiert (vgl. Pitt 2001). Wie die interdisziplinäre Betreuung der Studierenden im DIY-Ansatz von Ayala-Garcia et al. umgesetzt wird, ist im Artikel nicht weiter ausgeführt, doch für die konsequente Umsetzung von interdisziplinärem Denken und Handeln in der Schule müsste das Fach ins Zentrum des Fächerkanons gestellt werden, oder es müsste der Fächerkanon zu Gunsten eines projektbasierten Unterrichts weitgehend aufgelöst werden. Wie in Oxmans Team könnte ein projektbasierter und experimenteller Unterricht keine disziplinären Eingrenzungen dulden.

Ein Beispiel aus dem Hochschulbereich

Eine der erfolgreichsten[8] Universitäten für Design, die Rhode Island School of Design (Providence, U.S.A) setzt seit langem auf die Forderung und Förderung der interdisziplinären Auseinandersetzung im Kontext ihrer Design-Ausbildung. Ateliers bzw. Werkstätten sind gegenüber dem Stadtraum nicht abgegrenzt, sondern vielmehr durchlässig gestaltet. Die Institutsgebäude erstrecken sich über das komplette Stadtgebiet und sind weitgehend offen angelegt. Studierenden gestalten u.a. in zahlreichen Galerien das künstlerische und gesellschaftliche Leben der amerikanischen Kleinstadt maßgebend und bewusst mit. Geschichte wird als wichtige Quelle für Innovationen verstanden. Das Hochschulmuseum und das Kunstmuseum sind wichtige Lernräume. Das 1937 gegründete Natur Lab stellt mit seinen über 80.000 Exponaten aus der Natur eine wichtige Quelle für die eigene Arbeit der Studierenden dar. (Vgl. Dieckvoss 2017, S. 165-169)

> *„Edna Lawrence gründete das Institut im frühen 20. Jahrhundert, um ‚Studenten die Augen zu öffnen für die Schönheit der Natur,*

8 Ausschlaggebend für dieses Urteil ist die Zahl der professionell erfolgreichen Alumni der Universität (vgl. Dieckvoss 2017, S. 160).

für Formen, Raum, Farbe, Oberflächen, Gestaltung und Struktur.' Heute studieren in dem 80 Stunden die Woche geöffneten Institut angehende Künstler und Designer, die Repräsentanten unserer Umwelt, und beschäftigen sich dabei mit teils ganz zeitgenössischen Fragen zur Bionik, zu Biophilic Design, Nachhaltigkeit und Klimawandel. Mit Hilfe von Mikroskopen und anderen Instrumenten untersuchen sie Muster, Strukturen und Beziehungen im Design natürlicher Formen." (Dieckvoss 2017, S. 169)

Über den sprichwörtlichen disziplinären Tellerrand hinauszuschauen, ist Teil der Ausbildung junger Künstler:innen und Designer:innen der Rhode Island School of Design. An diesem gelebten Beispiel für interdisziplinär angelegte Lehre wird nachvollziehbar, dass (Technik und) Design dann ökologisch, ökonomisch und sozial nachhaltig und erfolgreich sein kann, wenn sich (Techniker:innen und) Designer:innen mit ökologischen, ökonomischen und sozialen Fragestellungen auseinandersetzen, zwar von der eigenen Profession aus gedacht, aber in den jeweiligen spezifischen diskursiven Feldern verortet und mit Hilfe oder Zusammenarbeit ihrer Akteur:innen.

Ein weiterer Anhaltspunkt, nämlich Produkte radikal vom Material her zu verstehen, würde vom neuen Fach eine im weitesten zu denkenden Sinne radikale Veränderung der Räumlichkeiten verlangen. Die handwerklich geprägten technisch-textilen Werkstätten würden Materialarchiven[9] bzw. materiellen Experimentierstätten weichen, in denen unterschiedliche Materialien von Schüler:innen kennengelernt, neu ‚verhandelt' und experimentell (weiter-)entwickelt würden. Produkte stünden nicht länger am Anfang, sondern vielmehr am Ende dieser Herangehensweise im Denken und Handeln. Ayala-Garcia et al. führen dies anhand ihrer Beispiele aus. Die Auseinandersetzung von Studierenden mit Mycelium führte beispielsweise zu unterschiedlichen Anwendungen. (Vgl. S. 87-99) Technische und naturwissenschaftliche Verfahren dienten der experimentellen Auseinandersetzung[10] mit den Materialien. Die Zu-

9 Ich danke Mag. Eva Greisberger für diese spannende Überlegung.

10 Der Technikdidaktiker Andreas Hüttner macht deutlich, dass es sich beim Technischen Experiment nicht um ein Trial-And-Error-Verfahren handelt, sondern um ein standardisiertes Verfahren, das auf Vorwissen und Vorkönnen aufbaut, um sich systematisch materiell und verfahrenstechnisch weiterzuentwickeln (Vgl. Hüttner 2005, S. 133-146).

sammenarbeit mit anderen Fächern, wie z.B. der Biologie und Umweltbildung[11] im fächerübergreifenden Unterricht wäre hierbei, wie bereits oben angesprochen, essenziell (s.w.o.: Interdisziplinarität und Multiprofessionalität). Spannend wäre es, hier Überlegungen wie z.B. das sogenannte Service Learning[12] in den Blick zu nehmen, um den Schüler:innen die systematische Arbeit anhand konkreter Themen umliegender Gemeinschaften zu ermöglichen. Schule würde in diesem Fall zu einem gesellschaftlich durchlässigen Ort. „Technik und Design" wäre somit ein Fach, das primär weniger tradiertes Wissen und Können, sondern vielmehr technische und designtheoretische Kompetenzen anhand von konkreten materiellen Problemstellungen, die das tradierte Wissen und Können aufgreifen und experimentell daran anknüpfen. Technische und textile Produkte und Verfahren stünden in einem so verstandenen Fach nebeneinander, da Materialien keinem Fach (TEC, TEX) zugeordnet werden können.

Zur Praxis in der Primarstufe

Für die konkrete Praxis und einen Anfang einer solchen curricularen Auslegung müssten von den Fachdidaktiker:innen und Lehrer:innen anwendbare und altersgerechte Beispiele gefunden werden. Mit Joachim Penzel (2019) ließe sich möglicherweise eine solche Ausrichtung des neuen Fachs „Technik und Design" starten[13]. Er schlägt in seinem Buch „Wir retten die Welt!" u.a. vor, sich mit nachhaltigen Alternativen zu Pappe und Papier auseinanderzusetzen. Dafür schlägt er vor, Schüler:innen verschiedene Früchte dünn schneiden zu lassen und diese Streifen ineinander verwebt in einer Presse trocken zu lassen. Er schreibt: „Materialherstellung, Belastungstests und Experimente zur Kompostierung stellen drei wich-

11 Im Volksschulbereich dementsprechend Sachunterricht.

12 Service Learning ist eine Lehr- und Lernform, die gesellschaftliches Engagement mit fachlichem Lernen verbindet. Gemeinsam mit Partner:innen setzen Schüler:innen dafür gemeinnützige Projekte in der Gemeinde oder im jeweiligen Stadtteil um, um aktiv soziale, ökologische, politische oder kulturelle Themen mitzugestalten. (Vgl. Servicelearning.de o.J., Online)

13 Ich danke HS-Prof. Dr. Gert Hasenhütl für diese Anregung.

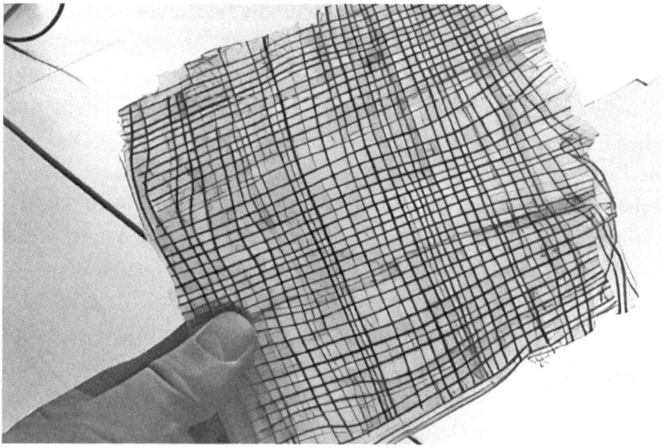

Abb.3 Papierähnlicher Werkstoff aus Gurkenscheiben (Penzel 2019, S. 361)

tige Untersuchungsstadien dar, mit denen sich die Schüler:innen auseinandersetzen." (Penzel 2019, S. 360)

Ayala-Garcia et al (in diesem Band) sind mit einem der vorgestellten Projekte für die Schule anschlussfähig. So setzte sich eine Studierende im Projekt „ReGrowth" mit unterschiedlichen Naturmaterialien auseinander, um diese für textile Verarbeitungsverfahren zu untersuchen. (S. 97f) Auch Schüler:innen könnten ab der ersten Klasse in der Primarstufe wie die Studentin Naturmaterialien, wie z.B. Halme, Schilf, etc. nach ihren verfahrenstechnischen Eigenschaften untersuchen. Eignen sich Grashalme zum Fingerstricken? Welche Eigenschaften weisen die fertigen Halbzeuge auf? Gibt es Anwendungen, für die sich ein solches Halbzeug eignet?

So vielversprechend und zukunftsweisend die angesprochenen Überlegungen, ausgehend von Material Literacy, für das neue Fach „Technik und Design" auch sein mögen, so voraussetzungsreich sind diese inhaltlich, didaktisch und materiell. In einer solchen Herangehensweise kann sich auch die Gefahr verbergen – wie beim vorgestellten Beispiel von Penzel nachvollzogen werden kann –, dass im Unterricht implizit oder explizit doch das Endprodukt am Anfang der didaktischen Überlegungen steht. In einzelnen inhaltlichen Herangehensweisen nicht problematisch, besteht dennoch die Gefahr einer einseitigen Ausrichtung des Fachs, die zwar andere Materialien integrierten, sich fachdidaktisch jedoch nicht grundlegend transformiert. Ein neues Fach „Technik und Design" würde im schlechtesten Fall die tradierten fachdidaktischen Formen der alten Unterrichtsfächer Technisches und Textiles Werken nicht „verwinden"[14]. Die Planbarkeit von Unterricht, die auch die Beschaffung von Materialien beinhaltet, wäre dadurch einfacher. Das freie Experimentieren mit Materialien, Verfahren und Produktdesigns unter der Bezugnahme auf interdisziplinäre Wissensbestände käme nach wie vor zu kurz.

Es scheint daher lohnend, die Überlegungen zur Material Literacy noch etwas grundsätzlicher und für dic gegenwärtigen Schulen und das gegenwärtige Curriculum von Technik und Design angemessener zu bedenken. Im Folgenden folge ich einem spannendenden Ansatz der Designerin Solanki Seetal. Sie stellt den Literacy Begriff in den Mittelpunkt ihrer Überlegungen, der produktiv im schulischen Unterricht aufgegriffen werden könnte.

Literacy als Symbiose zwischen Design, Technik, Bildung und Schule

Der Literacy Begriff ist deswegen so interessant, da dieser speziell im pädagogischen Kontext seine Legitimation erhält. So ist Bildung ein sprachlich fundiertes Konzept.[15] Der neu eingeführte Kompetenzbegriff bringt leibliches Können und versprachlichtes Wissen in ein Verhältnis (vgl. Weinert 2001, S. 17). Den Literacy Begriff als designtheoretisch und bildungstheoretisch relevanten zu fassen, ermöglicht – so die Idee – die Verbindung von Material Literacy und

---

14 Ich entleihe diesen Begriff von Tobias Künkler (2011), der in der Frage nach einer pädagogischen Wendung des Lernbegriffs nicht vom Überwinden – und damit ‚Über-Bord-Werfens' von Überlegungen zum Begriff des Lernens – spricht, sondern vom Verwinden, d.h. dem produktiven Aufgreifen und Re-Konzipieren von Überlegungen unter neuen Vorzeichen.

15 Im Artikel Sprachlose Kritik (2020) gehen Iris Laner und die Autorin dieses Artikels der Frage nach, unter welchen Umständen Bildung als nichtsprachliches Vermögen verstanden werden kann. Den Kritik-Begriff leiblich zu fassen, erscheint an dieser Stelle zentral, ist dieser doch in gängigen Bildungsverständnissen ein sprachlich-reflexiver. (Vgl. Laner & Zobl 2020)

Schule bzw. Bildung auf einer sprachlichen Ebene, die sowohl dem Technischen als auch dem Textilen Werken immanent ist und war.

Wie auch der Visual Literacy, als historisches Vorläuferkonzept der Material Literacy, ist beiden Konzepten der sprachwissenschaftliche Bezug durch den Literacy Begriff gemein. Gerade dies macht die Konzepte – wie angedeutet – so interessant für Schule und Bildung. Prominent verhandelt wird der Literacy Begriff seit den sogenannten PISA und TIMSS-Testungen, der Kompetenzorientierung und der Frage nach der Operationalisierbarkeit von schulischen Leistungen.

Literacy, zu Deutsch Literalität, meint dabei zunächst die Fähigkeit von Personen, bzw. hier im Speziellen von Schüler:innen, zu lesen und zu schreiben. Die OECD fasst Literacy im Kontext der Kompetenzorientierung als ein tiefergehendes Verstehen von Sprache und sprachlichen Artefakten in ihren kulturellen Kontexten. Auf der Homepage der OECD heisst es dementsprechend:

> „*Literacy is the ability to identify, understand, interpret, create, communicate and compute, using printed and written materials associated with varying contexts. Literacy involves a continuum of learning in enabling individuals to achieve their goals, to develop their knowledge and potential, and to participate fully in their community and wider society.*" (oedc.org)

Speziell im Rahmen der Verschiebung von der Bildung hin zur Kompetenzorientierung, d.h. der Verschiebung von der Lehre von Wissensbeständen zur Lehre von der Anwendung von Wissen, lässt sich der Literacy-Begriff als Lesen- und Schreiben-Können in einem erweiterten kulturellen Rahmen verstehen. Es geht darum, dass das Lesen und Schreiben so angewendet werden kann, dass eine verantwortungsvolle Teilhabe an der Gemeinschaft, demokratischen Gesellschaft und im unternehmerischen Bereich möglich ist.

Umgemünzt auf die Frage nach der Bedeutung von Material Literacy kann demnach gesagt werden: Materialien bzw. die materielle Welt ‚zu lesen und schreiben zu können', bedeutet demnach zunächst einmal Materialien bzw. die materielle Welt zu (er-)kennen, ihre kulturellen, ökologischen, ökonomischen etc. ‚Absichten' zu verstehen und Materialien im besten Fall auch in ihren Eigenschaften zu transformieren oder sogar völlig neu entwickeln zu können, und zwar im Kontext des jeweiligen (intendierten) Verwendungszusammenhangs. Dies wird teilweise im designtheoretischen Kontext deutlich (vgl. w.o.). Materialien bzw. die materielle Welt soll(en) im Kontext der Relationalität zu den Subjekten und ihrer Umwelt verstanden werden. Materialien bzw. die materielle Welt soll(en) – um es auf den Punkt zu bringen – kritisch rezipiert und kritisch (re-)produziert werden können, um dem Konzept von Bildung zu entsprechen. An dieser Stelle wird nicht nur die Tragweite der Forderung nach Material Literacy für Designer:innen und Materialwissenschaftler:innen, sondern auch als bildungsrelevante Fähigkeit von Schüler:innen ersichtlich. Material Literacy befähigt Personen dazu, die materiell gestaltete Welt im Grundlegendsten, nämlich auf Materialebene, kritisch befragbar zu machen. Dies umfasst nicht nur die Umwelt der Schüler:innen, sondern auch den eigenen Körper als materiell erfahrbaren. Die Versprachlichung dieses Wissens spielt, wie der sprachwissenschaftliche Literacy Begriff deutlich macht, eine übergeordnete Rolle. Sie ermöglicht die Operationalisierbarkeit dieses Wissens als wichtigen Teil von schulischem Unterricht.

Es ist spannend, dass gerade eine Designerin auf dieser sprachwissenschaftlichen Ebene ansetzt. Wie eingangs angesprochen, macht Solanki in ihrer Arbeit deutlich, dass die Relationalität von Produkt und Materialität – wie im Begriff Material Literacy angelegt – die Relationalisierung des Subjekts zur Materialität mitbeinhalten muss. In ihrem Buch „Why Material Matters“ (2022) und ihrem öffentlich zugänglichen Vortrag zur Material Literacy auf der Plattform „Slow Factory“ (vgl. Solanki o. J.) verdeutlicht sie diese unauflösliche Verstrickung. Die Beziehung zwischen Mensch – als Teil von Natur – und Natur weist, mehr noch als die Relationalität zwischen Materialität und Produkt, auf ethische Problemlagen hin, die sich im immanenten Nachhaltigkeitsdiskurs der Material Literacy andeuten. Menschen gestalten, beeinflussen und manipulieren durch Technik und Design ihre eigene Materialität. Oder anders gesagt; Die Zerstörung der Natur durch schlechtes, weil zu inkonsequent durchdachtes, Design zerstört auch den Menschen.[16]

16 Die Interaktion bzw. die Verstrickung von Mensch und der Dingwelt wird in kulturwissenschaftlichen Auseinandersetzungen zur Material Literacy bzw. zur Material Culture verhandelt. …

Solanki geht davon aus, dass sich zunächst vor allem die Sprache über Materialität verändern müsse, um Material Literacy zu fördern. Ihre grundlegende, den Sprachwissenschaften entliehene These ist, dass eine veränderte Sprache ein verändertes Denken und Handeln zur Folge hat. „We consider the 'identity' of the material first. This allows us to change the way we categorise materials; no longer understanding them as physical type, we're interested in emotional and functional qualities." (Solanki 2019: Online) Zudem plädiert Solanki dafür, mitunter Ressourcen wie Luft, Wasser oder Digitalität materiell zu fassen (vgl. Solanki 2022, S. 9). Sie schreibt: „Some may not even consider these to be materials, yet they surround us and have a hudge impact on how we live our daily life. Investigating how surprising substances can remove pollution from the air, or how something digital might be made to have tangible material qualities, might lead us towards solving some of the problems faced by our world today, such as the dwindling of natural resources." (Ebd. S. 9) Ressourcen wie Luft, Wasser oder Digitalität materiell zu fassen, lässt diese im Designprozess bewusst werden. Speziell im Sinne der ökologischen, ökonomischen und sozialen Nachhaltigkeit scheint eine solche Überlegung äußerst relevant.

Doch wie genau können wir uns als materielle Wesen mit unserer materiellen Umwelt sprachlich relationieren? Solanki schlägt hierfür zunächst eine unerwartete Methode vor, um sich als materielles Selbst mit der materiellen Welt in Beziehung zu setzen. Sie entwirft ein Material-Horoskop, das bei den Eigenschaften der bekannten zwölf Tierkreiszeichen ansetzt und diese mit den Eigenschaften von Materialien ergänzt. So sind Menschen, die im Tierkreiszeichen des Löwe geboren sind, nicht länger (nur) Löwe, sondern vielmehr Vulkanasche, deren materielle Eigenschaften sich mit jenen des Löwen überschneiden. Vulkanasche, Mensch wie Material, sind „fixed, bold, courageous and proud" (Solanki o.J., Minute 41). Im Tierkreiszeichen des Schützen Geborene sind Gummi-Sorten, deren Eigenschaften vor allem die Eigenständigkeit, der starke Wille, die Kreativität und die Wahrhaftigkeit sind. Solanki führt weiter aus: „It's also a very protective material. It's stretchy and expansive, but when it's expanded too much, you overstretch yourself and maybe that's something to be mindful about." (Solanki o.J., Minute 41) Zunächst wahrscheinlich etwas befremdlich, verfehlt eine solche Relationalisierung des eigenen Ichs zu einem bestimmten Material jedoch kaum seine Intention. Was auf sprachlicher Ebene ansetzt, entfaltet seine Wirkung nachhaltig auf emotional-affektiver Ebene. Materialien werden nicht länger ‚nur' als Ressourcen für die zu gestaltende Dingwelt verstanden, sondern als eigenständige Entitäten mit menschlich-materiellen Eigenschaften. Materialität wird durch diese einfache Hinwendung Solankis auf dieselbe Ebene gesetzt wie die Menschen. Menschen entsprechen Materialien. Produkte aus diesen Materialien erhalten durch diese bewusste Vermenschlichung auf materieller Ebene eine „Identität", d.h. konkrete (menschliche) Eigenschaften und somit einen veränderten Wert.

Ein weiterer sprachlich basierter Zugang Solankis vertieft diese Beziehung des eigenen Ichs mit der materiellen Welt und zwar in Hinsicht ihrer Herkünfte: Gemeinsam mit internationalen Designer:innen, Ingenieur:innen, Handwerker:innen etc. erstellt Solanki sogenannte Materiallandkarten. Sie lassen die Interessierten geographische und geopolitische Wanderbewegungen von Materialien nachvollziehen. Unterschieden werden native (indigenious), lokale (citizen), migrantische (voyager) und kosmische (spirit) Materialien. HDPE (High-Density-Polyethylen) sind dem Team rund um Solanki zufolge aus afrikanischer Perspektive[17] somit migrantische Materialien, da ihre (meistverwendete) Ressource – das Rohöl für ebenjene Kunststoffe – aus Ländern wie u.a. Saudi Arabien stammt. (Vgl. materialatlas.word o.J.) Es geht beim sogenannten Material Atlas nicht nur um Herkünfte, sondern auch um Sprache, Landschaften und Praktiken rund um diese Materialien. „Ma-tt-er [a company foundet 2015 by Solanki, C.Z.] established, designed and co-developed the Material Atlas instigating a deeper awareness of how materials can play a role in reorienting narratives, behaviours, mechanisms and dialogues towards inclusivity and participation between ourselves, each other and our surroundings." (materialatlas.word o.J., About) Leder ist beispielsweise aus südafrikanischer Perspektive ein lokales Material, das tief mit der südafrikanischen Kulturlandschaft verwoben ist. Leder ist in Südafrika damit in vielen In-

17 Das Projekt umfasst im Moment eine Reihe afrikanischer Materialien, die im Lauf der Zeit um weitere Regionen der Welt erweiterte werden sollen (vgl. materialatlas.world o.J., About).

dustrien nicht nur allgegenwärtig, sondern repräsentiert zudem die Geschichte und Kultur des Landes. So zeigt sich das Wohlhaben und Ansehen einer Person nach wie vor an der Größe seines:ihres „Kraals" (Viehgeheges). Eine wichtige Eigenschaft des Leders ist seine Reparaturfähigkeit, was sich in einem weitläufigen Reparatur-Markt für Schuhe widerspiegelt. (Vgl. materialatlas o.J., Maps)

Solankis Überlegungen setzen aus der Designpraxis heraus auf der sprachlichen Ebene an und wollen damit ein tiefergehendes Verständnis für die materielle Welt, in der wir selbst als materielle und sprachliche Wesen Teil sind, erwirken. Material Literacy setzt bei Solanki noch etwas grundsätzlicher, nämlich beim Literacy Begriff an und zwar konkret bei der Relationierung von Mensch und Materialität als Teil von Natur. Dieser sprachlich basierte Zugang ist deswegen bildungstheoretisch relevant und schulpädagogisch bedeutsam, da dieser gängige Vorstellungen von intendierter und gelebter Schulpraxis trifft. Sprache, als kritische Reflexionsebene und operationalisierbarer Zugang zum Schüler:innenwissen, und Handlungspraxis sollen verbunden werden (Kompetenz). Material Literacy könnte so als theoretisch-praktische Grundlage für die curriculumsbasierte Arbeit verstanden und anhand von Materialien, Verfahren und Produkten im neuen Fach „Technik und Design" eingeführt werden. Der materialbasierte Zugang verbände die beiden ehemaligen Fächer Technisches und Textiles Werken auf einer Ebene, die noch ‚vor' den tradierten Logiken dieser Fächer ansetzt. Eine Transformation zu einem gemeinsamen Fach könnte durch einen gemeinsamen theoretisch-sprachlichen Ausgangspunkt möglicherweise gelingen, ohne dabei vorwegzunehmen, in welche Richtung diese Transformation zu passieren hat. Dies würde sich dann in einigen Jahren zeigen.

Conclusio

Das Nachdenken über das Verhältnis von Materialität und Produkt für das neue Fach „Technik und Design" kann vor allem deshalb als relevant angesehen werden, da sich dieses aus den zwei eigenständigen Fächern Technisches Werken und Textiles Werken bildet, die jeweils unterschiedliche fachdidaktische Zugänge zu diesem

Verhältnis etabliert haben. Speziell designtheoretische Überlegungen zur Material Literacy erfordern eine radikale Relationalisierung von Material und Produkt und zwar im Kontext des Primats des Materials. Das heißt, Produktentwicklungen (Design und Technik) beginnen beim (Er-)Finden eines angemessenen Materials, das im besten Fall den Grundsätzen von ökologischer, ökonomischer und sozialer Nachhaltigkeit genügt. Generell steht die Material Literacy für Materialentwicklungen, die erst in einem zweiten Schritt zu neuen Produkten führen. Konsequent vom Material auszugehen, würde für das Fach „Technik und Design" bzw. für die Schule größere strukturelle Veränderungen nach sich ziehen. Ein solches Fachverständnis setzt das interdisziplinäre und multiprofessionelle Denken und Handeln voraus, wie es beispielsweise in einem konsequent projektbasierten Unterricht umgesetzt werden kann. In einem Schulsystem, das im Sekundarstufenbereich stark zwischen den einzelnen Disziplinen und ihren Expert:innen trennt, erscheint ein solcher Zugang gegenwärtig nur unzureichend umsetzbar. Doch auch in der Primarstufe ist ein solcher Ansatz unter gegenwärtigen Bedingungen nur teilweise umsetzbar, da die Werkfächer, bzw. ab dem Schuljahr 2023/24 „Technik und Design", in nur wenigen Fällen von der:m klassenführenden Lehrer:in unterrichtet werden. Der projektbasierte bzw. fächerübergreifende Unterricht wäre Voraussetzung, um die Betreuung der Schüler:innen überfachlich zu gewährleisten. In der Primarstufe wäre es durch den angelegten Gesamtunterricht zumindest möglich, „Technik und Design" mit anderen Fächern wie Sachunterricht, Mathematik, Religion (Ethik) etc. zu verbinden. Der Preis wäre jedoch eine zumindest teilweise Aufgabe von strukturierten Jahresplanungen für die Gesamtklasse in den einzelnen Fächern. Biologische, chemische, physikalische etc. Verfahren sind technischen und textilen Verfahrensweisen in einem materialbasierten Zugang gleichbedeutend. Auch wenn unter gegenwärtigen strukturellen Gegebenheiten spannende fachdidaktische Konzepte gefunden würden, bestünde dennoch die Gefahr, dass tradierte Zugänge der alten Fachverständnisse von Technischem und Textilem Werken nicht vollständig verwunden würden. „Technik und Design" könnte im schlechtesten Fall kein eigenständiges Fachverständnis entwickeln, solange sich Inhalte und Fachdidaktiken noch anhand tradierter Verständnisse abarbeiten.

Einen etwas anderen designtheoretischen Zugang zur Material Literacy, der zusätzlich für den schulischen Kontext relevant erscheint, liefert Solanki. Sie proklamiert die Relationierung von Materialität und Mensch, um nachhaltiges Denken und Handeln allererst bei menschlichen Akteur:innen zu verankern. Sie geht davon aus, dass sich zuerst das Sprechen über die Materialien verändern muss, um das Denken und vor allem Handeln im Sinne der Ideen von Material Literacy zu transformieren. Ihre Ansätze verbinden Mensch und Material über geteilte Eigenschaften bzw. gehen den Herkünften von Menschen und ihren Materialien weltweit nach. Die ‚Vermenschlichung' von Materialien operiert auf sprachlicher Ebene, wirkt jedoch auf emotional-affektiver Ebene. Schüler:innen können durch einen solchen Ansatz verstehen, dass sie als Menschen Teil der natürlichen Umgebung sind, die durch die Produktion von Dingen transformiert wird. Wenngleich Solankis Ansatz nicht das werktechnische Handeln direkt in den Fokus nimmt, ist diese Form Material Literacy zu denken, schulpraktisch also äußerst relevant. Die Versprachlichung von Wissen spielt nicht erst seit PISA und TIMSS eine wichtige Rolle. Bildung generell ist als Konzept sprachlich fundiert. Der Vorschlag der Autorin ist es, Solankis sprachtheoretischen Vorstoß als fachdidaktischen Ausgang für das werktechnische Handeln im Fach „Technik und Design" zu verstehen. Tradierte Zugänge der alten Fächer Technisches Werken und Textiles Werken würden dadurch nicht direkt, wohl aber indirekt befragbar gemacht. Im besten Fall würde sich durch einen neuen (gemeinsamen) fachdidaktischen Zugang ein Fach etablieren, das sich aus der konkreten Arbeit mit Schüler:innen im Unterricht entwickelt.

Literatur

Ayala-Garcia, Camilio et al. (2023): Der DIY-Materialien-Ansatz zur Entwicklung von Materialien für einen ökologischen Wandel (The DIY-Materials approach to develop materials towards an ecological transition) In diesem Band, S. 82-99.

BMK.gv.at (o.J.): EU-Kunststoffstrategie. Online unter: https://www.bmk.gv.at/themen/klima_umwelt/kunststoffe/europ_kunststoffstrategie.html [31.03.2023]

Dent, Andrew & Sherr, Leslie (2007): Material Matters. New Materials in Design. London: Thames & Hudson.
Dieckvoss, Stephanie (2017): Rhode Island School of Design, Providence. In: Kunstforum International, Bd. 245, S. 160-173.
Gesellschaft Deutscher Chemiker (2018): Durch Materialinnovationen Deutschland stärken. Online unter: https://www.gdch.de/fileadmin/downloads/Service_und_Informationen/Presse_OEffentlichkeitsarbeit/Sonstige/Empfehlungen_zur_Materialforschung.pdf [22.04.2023]
Hüttner, Andreas (2005): Technik unterrichten. Methoden und Unterrichtsverfahren im Technikunterricht. Haan-Gruiten: Europa-Lehrmittel.
Künkler, Tobias (2011): Lernen in Beziehung. Bielefeld: Transcript.
Laner, Iris & Zobl, Cornelia (2020): Sprachlose Kritik. Bildende Erfahrung diesseits des Körper-Leib-Dualismus. In: Casale, R.; Rieger-Ladich, M. & Thompson, C.: Verkörperte Bildung. Weinheim: Beltz Juventa.
Lehrpläne der Volksschule Technisches Werken und Textiles Werken (2007) Online unter: file:///C:/Users/Corne/Downloads/lp_vs_7_werken_17228.pdf [23.06.2023]
Materialatlas.world (o.J.): Material Atlas. Online unter: https://materialatlas.world/ [20.04.2023]
Material ConneXion (2009): Materials Matter III. New York, Bangkok, Cologne, Daegu & Milan: Editrice Compositori.
media.mit.edu (o.J.): Neri Oxman. Online unter: https://www.media.mit.edu/people/neri/overview/ [19.04.2023]
Mills, Kathy A. (2016): Literacy Theories for the Digital Age. Social, Critical, Multimodal, Spatial, Material and Sensory Lenses. Bristol, Buffalo & Toronto: Multilingual Matters.
OECD.org (2023): Adult Literacy. Online unter: Adult Literacy – OECD [Stand 10.03.2023]
Oxman.com (2023): Mission. Online unter: https://oxman.com/mission [19.04.2023]
Penzel, Joachim (2019): Wir retten die Welt! Kunstpädagogik und Ökologie: Methodik, Curriculum, Unterrichtspraxis. München: Kopaed.
Pitt, Joseph (2001). What Engineers Know. Technè, 5 (3), 17–30.
Servicelearning.de (o.J.): Was ist Lernen durch Engagement? Online unter: https://www.servicelearning.de/lernen-durch-engagement/was-ist-sevice-learning-lernen-durch-engagement [22.04.2023]
Solanki, Seetal (2019): Material Literacy: Why we need to rethink language to survive the climate crisis. Online unter: https://www.itsnicethat.com/features/response-and-responsibility-seetal-solanki-material-literacy-product-design-260619 [24.04.2023]
Solanki, Seetal (o.J.): Material Literacy with Seetal Solanki. Online unter: https://slowfactory.earth/courses/material-literacy/ [20.04.2023]
Solanki, Seetal (2022): Why Materials Matter. Responsible Design for a Better World. München, London & New York: Prestel.

Stott, Rachael (2017): Is Rice Starch a Sustainable Alternative to Plastic? Online unter: https://www.lsnglobal.com/news/article/21521/is-rice-starch-a-sustainable-alternative-to-plastic [31.03.2023]

Umweltberatung.at (2023): Kunststoffrecycling – die Lösung für das Plastikproblem? Online unter: https://www.umweltberatung.at/kunststoffrecycling-und-plastikproblem [22.04.2023]

Weinert, Franz (2001): Vergleichende Leistungsmessung in Schulen – Eine umstrittene Selbstverständlichkeit. In: Weinert, Franz E. (Hg.): Leistungsmessungen in Schulen. Weinheim u. Basel.

Ingrid Maria Hackl

Materialität und ihre Triggerpunkte

Materialien können Auslöser für eine Kaskade an Sinneseindrücken sein. Durch die menschlichen Sinnesorgane verarbeitet, triggern Materialien visuelle, haptische, gustatorische und olfaktorische Wahrnehmungen. Es geht also eine bestimmte Wirkung von Materialien aus und sie bekommen mehr oder weniger Bedeutung, je nachdem, was mit ihnen verbunden wird. So wird Material mit seiner physischen Erscheinung zur Materialität.[1] Materialität wiederum ist stark verbunden mit Ästhetik und Haptik. Der nachfolgende kurze Ausflug in die ästhetische und haptische Wahrnehmung, soll einen Eindruck davon vermitteln, welchen Einfluss Materialität ausübt und wie der Umgang mit ihr gepflegt werden kann.

Ästhetische Wahrnehmung – immer und überall

> *„Es ist unmöglich, keinen ästhetischen Eindruck zu haben. Wenn wir eine Gestalt wahrnehmen, vermittelt sie uns immer eine Anmutung, selbst wenn sie lediglich eine neutrale oder nichtssagende ist.“*
> (Park, 2019, S. 40)

Die materielle Umgebung des direkten eigenen Lebensumfeldes im Vergleich zu anderen gesellschaftlichen Gruppen und Generationen oder im Vergleich zu den materiellen Kulturen anderer Länder und anderer Zeitepochen machen unterschiedliche ästhetische Präferenzen und Prägungen sehr stark bewusst. Was als ästhetisch ansprechend wahrgenommen wird, hat demnach mit diesen kulturellen Prägungen zu tun. Im Bereich Design ist vor allem das Zusammenwirken von Formen, Farben sowie Beschaffenheit und Haptik von Materialien ausschlaggebend für die ästhetische Wahrnehmung. Das

1 Vgl. Hochschule Luzern, Materialität – Material und seine Beziehungen, https://www.hslu.ch/de-ch/design-kunst/forschung/labor-materialitaet-und-ressourcen/materialitaet/, abgerufen am 24.08.23

Unterrichtsfach „Technik und Design“ bildet in den Designprozessen implizit auch das ästhetische Empfinden der Schüler:innen aus, wenn die Wirkung von Formen, Farben, Materialien und deren Verarbeitung thematisiert und bewusst zum Einsatz gebracht wird. Bei der *Gestaltung der Form* kann die Funktion im Vordergrund stehen (form follows function). Es kann aber zum Beispiel auch der Ausdruck von Emotionen (form follows emotions) oder des Lebensstils (form follows fun) maßgeblich für die Gestaltung sein. Mit dem Fokus auf Ressourcenschonung und Nachhaltigkeit werden langlebige, reparierbare und umweltverträgliche Produkte mehr ins Zentrum gerückt und das Design muss entsprechend angepasst werden, sodass Produkte auch nach Jahren noch benutzbar bleiben und darüber hinaus auch ansprechend aussehen. „Form follows earth“, wäre hier vielleicht der passende Ausdruck für eine Designstrategie dieser Art.

Neben der Form ist es wichtig, sich auch mit der *Wirkung von Farben und ihren Funktionen* auseinanderzusetzen. Der Farbforscher Axel Buether nennt sieben biologische Funktionen der Farbe: Orientierung, Gesundheit, Warnung, Tarnung, Werbung, Status und Verständigung. (Buether, 2020, S. 34) In einer Studie erforschte Buether, welche Wirkung die eigens für den Intensivmedizinbereich einer Klinik entwickelte Farb-Lichtgestaltung auf Patient:innen und das Pflegepersonal hatte. Der wahrgenommene Raumeindruck durch die neue Licht- und Farbgestaltung der Aufenthaltsräume und Patientenzimmer sorgte für eine effektivere Pflege. Die Zufriedenheit der Belegschaft stieg und der Verbrauch an Medikamenten konnte deutlich gesenkt werden. (Buether & Wöbker, 2019) Farb- und Lichtgestaltung von Räumen, die das Wohlbefinden der Menschen fördert, ist ein Bereich der „Healing Achitecture“. Heilende Architektur wird hauptsächlich beim Bau und Umbau von Gesundheitseinrichtungen konzipiert und umgesetzt und hat zum Ziel, das seelische und körperliche Wohlbefinden der Nutzer:innen zu verbessern (Meßner, 2019). Wie würden Schulen, wie würden Klassenräume aussehen, die das Wohlbefinden der Kinder, Jugendlichen und Lehrer:innen fördern?[2]

2 Ein Beispiel für einen Schulbau im Sinne der Healing Architecture ist die Allemannenschule in Wutöschingen https://asw-wutoeschingen.de/ (26.10.2023)

Die Wahl der Materialien und die Art ihrer Verarbeitung ist ein dritter wichtiger Aspekt im Zusammenhang mit der ästhetischen und auch haptischen Wahrnehmung. Sehen wir Oberflächen, Strukturen, Texturen, Beschaffenheit von Material, haben wir bestimmte Vorstellungen davon, wie sie sich anfühlen. Durch das Berühren, Spüren und Begreifen von Dingen werden zeitlebens haptische Erfahrungen gesammelt und gespeichert. Das menschliche Gehirn kombiniert visuelle und haptische Informationen und erzeugt multi-modale Sinnesrepräsentanten. (Otis, 2019) An einem Beispiel verdeutlicht: Das Foto eines dunkelroten Strickpullovers wird unmittelbar einen Sinneseindruck vermitteln, der gespeist ist von Erfahrungen aus der Vergangenheit. Etwas Gestricktes mit dieser oder ähnlicher Optik wurde bereits getragen und hat bestimmte Reaktionen auf der Haut hervorgerufen. Für manche Betrachter:innen wird der Pullover kratzig wirken, andere werden damit vielleicht sofort ein wohlig warmes und angenehmes Gefühl verbinden.

Im Unterrichtsfach „Technik und Design" mit den Bezugsdisziplinen wie Produktdesign, Mode und Architektur geht es sehr wohl auch um ästhetische Wahrnehmung und diese soll zum Thema gemacht werden. In den Lehrplänen, so scheint es, wurde das Wort Ästhetik oder ästhetische Wahrnehmung tunlichst vermieden. Im Lehrplan der Primarstufe kommt es gar nicht vor, im Lehrplan der Sekundarstufe I ein einziges Mal („*Ästhetische und funktionale Gestaltungskriterien werden erstellt und berücksichtigt*" S. 3).

Haptische Wahrnehmung – ein Lebensmittel

Wie lebensnotwendig der Tastsinn für uns Menschen ist, beschreibt Martin Grunwald (2017) in seinem Buch „Homo Hapticus – Warum wir ohne Tastsinn nicht leben können".[3]

Das Tastsinnessystem trägt maßgeblich zur Selbsterkenntnis bei, denn es gibt Auskunft darüber, wie man selbst oder unsere äußere Umwelt materiell beschaffen ist und es ist direkt an der Entwicklung von Bewusstseinsprozessen beteiligt. Bewusstsein zu bilden, wird als höchste Leistung des menschlichen Gehirns bezeichnet und benötigt dazu unbedingt das Tastsinnessystem. Die auditiven und vi-

3 Aktuelle Projekte der Haptikforschung von Martin Grunwald: https://haptiklabor.medizin.uni-leipzig.de/forschung/allgemeine-themenstellung

suellen Sinne sind zur Bewusstseinsbildung nicht unbedingt notwendig. (Grunwald, 2012) Die Embodied Cognition Theorie (Shapiro, 2019) geht davon aus, dass Denken nicht nur im Gehirn, sondern im Zusammenspiel mit unserem Körper stattfindet. Die Körperwahrnehmung ist für jeglichen Denkprozess und für die Generierung von Wissen essentiell. Der Lernprozess ist eine multisensorische, körperliche Erfahrung, die mit der Umwelt gekoppelt ist. Das Körperwissen wirkt sich auf die Kognition, die Entwicklung von Problemlösefähigkeiten, auf kreative, innovative und kollaborative Prozesse aus (Satama et al., 2022).

Babys und Kleinkinder entdecken ihre Welt ganzkörperlich und schulen dadurch ihre haptische Wahrnehmung. In der Elementarpädagogik wird die Entwicklung des Tastsinnessystems mit einer großen Bandbreite an Aktivitäten für die Groß- und Kleinmotorik gezielt gefördert. In der Primarstufe wird dies fortgeführt und weiter ausdifferenziert vor allem in Bezug auf die Kleinmotorik zum Erlernen des Schreibens. Das Unterrichtsfach „Technik und Design" fördert durch das Hantieren mit Materialien und Werkzeugen, durch das Erlernen von Verfahren usw. ebenso die Ausdifferenzierung der motorischen Entwicklung. Im Lehrplan der Schulstufe 1 bis 4 wird dazu Folgendes erwähnt:

„Das Erlernen und Trainieren von Bewegungsabläufen trägt zur Schulung der Kleinmotorik (meint die kleinen Bewegungen, z. B. Behändigkeit, Fingerfertigkeit, bei denen nur ein kleiner Teil des Bewegungsapparates beteiligt ist) bei und schult die Koordination von Auge und Hand. Dies sind zentrale Aspekte, die ein Erproben, Trainieren und Entdecken im handelnden Tun erst möglich machen." (BMBWF, 2023, S. 3) Im Glossar werden die Begriffe Grobmotorik, Feinmotorik, Großmotorik und Kleinmotorik erklärt.

Gerade das handwerkliche repetitive Arbeiten mit den Händen wirkt Stress entgegen und ist gesundheitsfördernd. Gruppenaktivitäten in denen handwerklich gearbeitet wird, fördern besonders effektiv die Zusammenarbeit, den Zusammenhalt, das Selbstverständnis und das Gefühl der sozialen Inklusion für Kinder, Erwachsene, Familien und Gemeinschaften und über verschiedene Kulturen hinweg (Fancourt und Finn 2019: 9). Dem Handwerk ist die enge Verflechtung von Denken und praktischem Handeln eingeschrieben, das sich in einem ständigen Dialog befindet. Handwerk, im Verständnis von Richard Sennett (2008), meint das menschliche Bestreben, eine Tätigkeit um ihrer selbst willen gut zu machen. Erst durch verinnerlichte handwerkliche Prozesse, wird es möglich mit unvorhergesehenen Problemen umzugehen und Lösungen zu finden. Die Werkstatt als Ort der individuellen und kooperativen Arbeit erlaubt und ermöglicht es, Verantwortung für das eigene Handeln zu übernehmen. Gleichzeitig bietet das Arbeiten mit den Händen unter bestimmten Voraussetzungen den Menschen auch Erfüllung, die durch Flow-Erlebnisse gekennzeichnet ist. (Ebd.)

Über Jahrtausende haben sich vor allem die menschlichen Hände zu Werkzeugen mit unglaublichen Fähigkeiten ausgebildet. Diese Fähigkeiten gilt es zu fördern und weiter zu entwickeln, auch wenn die Digitalisierung[4] immer mehr Bereiche unseres Lebens durchdringt, manuelle Tätigkeiten dadurch zurückgedrängt werden und der Eindruck vorherrscht, dass Wischen und Tippen auf den glatten Oberflächen der Handys die hauptsächlichen haptischen Erfahrungen der Hände sind.

Literatur

BMBWF (2023). *Lehrplan Technik und Design Volksschule.* https//paedagogik-paket.at

Buether, A. (2020). *Die geheimnisvolle Macht der Farben. Wie sie unser Verhalten und Empfinden beeinflussen.* Droemer.

Buether, A., & Wöbker, G. (2019). *Studie Farbe und Gesundheit. „Beurteilung der psychologischen und medizinischen Wirkungen der Umweltfaktoren Farbe und Licht auf Patienten und Personal im Bereich der Intensivmedizin“.* Bergische Universität und Helios Universitätsklinikum Wuppertal. https://axelbuether.de/wp-content/uploads/2018/03/Auswertung_Heliosstudie_Farbe_Licht_110319.pdf

Fancourt, D., & Finn, S. (2019). *What is the evidence on the role of the arts in improving health and well-being?* WHO Regional Office for Europe. https://www.ncbi.nlm.nih.gov/books/NBK553773/

4 Digitalität (aus dem Lateinischen *digitus*) abgeleitet vom Abzählen an den einzelnen Fingern und direkter Zusammenhang mit den von Hand/Fingern bedienten Tasten/Teilen von Werkzeugen (Mark, 2012, S. 134).

Grunwald, M. (2012). Haptik: Der handgreiflich-körperliche Zugang des Menschen zur Welt und zu sich selbst. In T. H. Schmitz & H. Groninger (Hrsg.), *Werkzeug-Denkzeug. Manuelle Intelligenz und Transmedialität kreativer Prozesse.* Transcript Verlag. https://www.transcript-verlag.de/978-3-8376-2107-5/werkzeug-denkzeug/

Grunwald, M. (2017). *Homo Hapticus. Warum wir ohne Tastsinn nicht leben können.* Droemer.

Mark, E. (2012). Taktiles Wissen. In *Werkzeug-Denkzeug. Manuelle Intelligenz und Transmedialität kreativer Prozesse.* Transcript Verlag.

Meßner, T. (2019). *Wie Architektur die Gesundheit beeinflusst.* AerzteZeitung.de. https://www.aerztezeitung.de/Politik/Wie-Architektur-die-Gesundheit-beeinflusst-254239.html

Otis, L. (2019). *Visual Thinking Often Involves Touch* [Online Magazin]. Psychology Today. https://www.psychologytoday.com/us/blog/rethinking-thought/201904/visual-thinking-often-involves-touch

Park, J. H. (2019). Design und Designpädagogik: Eine design- und bildungswissenschaftliche Betrachtung. In *Entwerfen, Lernen, Gestalten. Zum Verhältnis von Design und Lernprozessen.* Transcript.

Satama, S., Blomberg, A., & Warren, S. (2022). Exploring the embodied subtleties of collaborative creativity: What organisations can learn from dance. *MANAGEMENT LEARNING, 53*(2), 167–189. https://doi.org/10.1177/1350507620985226

Sennett, R. (2008). *The Craftsman.* University Press.

Shapiro, L. (2019). *Embodied Cognition.* Routledge. https://doi.org/10.4324/9781315180380

Dominik Gumpenberger

Die Welt ist Material!

Ein Plädoyer für Forschung und Experiment mit Materialien und Werkstoffen im Fach „Technik und Design"

Nach einer kurzen Abhandlung zur Bedeutung von Material und Werkstoffen für Gesellschaft und Designer:innen gibt dieser Beitrag Einblick in bewährte didaktische Ansätze zu handlungs- und prozessorientiertem Unterricht im Fachbereich „Technik und Design" – mit Fokus auf Materialforschung.

Materialisieren

„The material can, to a large degree, be seen as a product's DNA. It is what defines both tactile and technical properties and largely what decides the production method. It is the material or the combination of materials in a product that determines future recycling options and/or the biodegradability of a product". (Bak-Andersen 2018, 13) Die Materialität der Welt als ihre DNA zu betrachten, bringt wichtige Perspektiven und vor allem die Dringlichkeit ihrer Betrachtung in den gesellschafts-, design- und bildungstheoretischen Blick. So bestimmt die Materialität nicht nur die haptisch-physikalischen und technischen Eigenschaften, sondern auch die Zukunft der Welt: Wie lange braucht es, um Dinge ab- und umzubauen, d.h. wie lange verweilen Dinge als eigenständige Objekte in der Welt? Wie beeinflussen sie diese auf sozialer und ökologischer Hinsicht währenddessen?

Natürlich, die Welt ist viel mehr als Material, hoffentlich!, aber im Kontext dieses Artikels lasse ich den metaphysischen Teil zurück, um mit handfesten Argumenten die Bedeutung von Material für unser Fachgebiet und damit Unterrichts- und Schüler:innenwelt in den Vordergrund zu stellen. Vor dem Hintergrund, dass

70 Prozent der Megatrends[1] materialgetrieben sind (Höcker, S.89), können Werkstoffe als zentrale Voraussetzung für die Entwicklung unserer artifizellen Welt betrachtet werden. Über die Manifestation von Werkstoffen wie Stahl, Aluminium, Titan, Kunststoffen und Keramik in fast allen industriellen Produkten wird unser Alltag ganz wesentlich mitbestimmt (Dahlmann/Bartels, S.63). Die Qualität der Einflussnahme auf unseren Alltag durch industriell, aber auch manuell hergestellte Produkte wird im Entwurfs- und Designprozess, wo unter anderem Nutzungsabsicht und Funktionalität geklärt werden, ganz wesentlich Grund gelegt. Gewicht, Haltbarkeit, Optik und Haptik beeinflussen weitgehend die Nutzbarkeit und Wertbeständigkeit eines Produkts – alles Eigenschaften, die über die Materialauswahl ganz wesentlich mitbestimmt werden.[2] In der Konstruktion wird bereits in frühen Phasen die Materialart festgelegt. Über die Materialauswahl wird der Aufwand der Herstellung und Verarbeitung und somit auch der Preis eines Produkts mitbestimmt (Bendeich S.18).

Aus ökonomischer Sicht spielt nicht nur der Preis von Material, respektive Rohstoffen, in Anschaffung, Verarbeitung und Produktion eine große Rolle, auch der Ressourceneffizienz am Ende eines Produktlebenszyklus ist eine immer bedeutsamere Rolle zuzuordnen. Ganz besonders dort drängt sich die Frage der Entsorgung, im besseren Fall jedoch die der Wiederverwendung und -wertbarkeit eingesetzter Materialien auf: Wie und mit welchem Aufwand können Bestandteile des Produkts recycelt werden oder noch besser, nach dem „Cradle to Cradle Prinzip", zu einem Teil eines neuen, gleichwertigen Produkts werden? Die Frage nach dem passenden Material aus gestalterischen, praktischen, ökonomischen und ökologischen Gründen ist unausweichlich. Fundierte Kenntnisse über Materialien, deren Zusammensetzung, Eigenschaften, Fertigung, Verarbeitung und Entsorgung bzw. Re- und Upcycling sind Voraus-

1 Unter Megatrends sind in diesem Zusammenhang der Wunsch nach Gesundheit, dem Bedürfnis, in einer intakten Umwelt zu leben und dem Wunsch nach Mobilität, Freiheit und Sicherheit gemeint (vgl. Heinricht, S. 59).

2 vgl. https://www.ressource-deutschland.de/werkzeuge/loesungsentwicklung/strategien-massnahmen/optimierte-materialauswahl/ (Zugriff 11.05.2023).

setzungen, welche vom:n dem:r Designer:in bis zum:r Ingenieur:in (der Gegenwart und Zukunft) erfüllt werden müssen (Kalweit et al., 2012, S.7). Ein ausgeprägtes Sensorium für und Wissen über Materialen sollte, ja muss, demnach ein elementares Wesenselement von Designer:innen sein und gerade vor dem Aspekt der Nachhaltigkeit führt kein Weg an einer profunden Auseinandersetzung mit Materialien vorbei. Den Designer:innen sollten in einem System in dem Recycling und Wiederverwendbarkeit immer wichtiger werden, abverlangt werden dürfen, ein tiefgreifendes Wissen über die Zusammensetzung und Auswirkungen der Materialen zu haben. Ein Mangel im Materialverständnis wirkt wie eine Barriere zwischen dem:r Designer:in und dem Produkt. Er verhindert Innovation und die Chance auf Antworten wie und womit sich nachhaltige Produkte materialisieren können (Bak-Andersen 2018, S.12).

Experimentieren mit Schüler:innen – Materialarchiv und Experiment als didaktischer Ausgang

Geht es gesellschafts-, design- und bildungstheoretisch nicht darum, den Horizont aller Involvierten zu erweitern, um schlussendlich zu entdecken, innovativ zu sein und voran zu kommen? Mittel und Wege zur Wissenserweiterung in Bezug auf Material und Werkstoff bieten einschlägige Fachliteratur, Online-Materialbibliotheken sowie begeh- und begreifbare Materialarchive. Sie sind wahre Schatzkammern für Produktentwickler:innen, Designer:innen und Architekt:innen und können das Verlangen nach materiellem Wissen zu einem großen Teil bedienen. In physischen, begeh- und begreifbaren Materialarchiven sind Materialen für die Recherche bestens aufbereitet und laden zu einer Auseinandersetzung auf verschiedensten Ebenen ein. Materialien können u.a. erfühlt, betastet, belastet, gerochen und in der Hand gewogen werden. Die so mit den eigenen Sinnesorgangen gemachten Erfahrungen stimulieren und regen zu Vorstellungen neuer Einsatz- und Verwendungsmöglichkeiten an. So wichtig diese Wege der Auseinandersetzung sind, sie können aber curricular-bedingt nur ein Teil der Grundlage für Forschung, Innovation und Materialentwicklung sein. Erst individuelle forschende, experimentelle und schöpferische Aktivität mit neuen[3] Werkstoffen und Materialverbünden öffnet das Tor zu einer größeren materialtechnischen Literalität, die wie im alchemistischen Wandlungsprozess eine Läuterung werden kann. Hierzu gehören prozessbedingt Aha-Erlebnisse und Überraschungseffekte, genauso wie Rückschläge und Ernüchterung. Doch selbst wenn das „neue“ Material so gar nicht die zuvor aufgestellte Hypothese erfüllen oder in die geplante gestalterische Anwendung passen mag, ein Lerneffekt und Erfahrungswert bleibt. Im sich Einlassen auf ein Experiment, im „nicht wissen wie es wird“, liegt eine große Chance. Die Erfahrung mit dem Material, ja das Material an sich, kann zum Zündfunken neuer Ideen, Gestaltungsabsichten und schlussendlich Produkten werden. Ein möglicher Wissenserwerb zu dessen Herkunft (Ab- bzw. Anbau), chemischer Zusammensetzung, geschichtlicher Einordung, Verarbeitungstechnik usw. runden diesen Zugang ab.

Technikdidaktisch bildet hier Offenheit eine wichtige Voraussetzung, die allen anderen voransteht, ja voranstehen muss, eine Offenheit dem Experiment, dem Versuch, einem ungewissen Ausgang gegenüber. Dadurch können neue, auch evtl. ungewöhnliche Ideen von Schüler:innen in ihr technisches und gestalterisches Handeln inkorporiert werden, und anstatt, wie bei wohlstrukturierten Bauanleitungen von Werkpackungen, kann Raum für individuelle Zugänge und Fragestellungen der Schüler:innen entstehen. Die didaktische Grundhaltung der Offenheit ermöglicht den Schüler:innen niederschwellig diverse Elemente, Vorlieben und Lebensbezüge aus ihrer Welt einzubringen.

Zur fachkompetenten Begleitung der Schüler:innen und deren Projekte, braucht es die Bereitschaft von Lehrpersonen mitzulernen, sich schlau zu machen, zu recherchieren. Diese Arbeitshaltung ist essenzielle Zutat für einen gelungen Werkunterricht. Die Lehrperson wird vor diesem Hintergrund zu einer kompetenten, multidis-

3 Unter „neu“ ist nicht ausschließlich ein tatsächlich neuer, noch nie dagewesene Materialverbund bzw. Werkstoff zu verstehen, sondern in diesem Kontext auch ein selbst hergestellter.

ziplinären[4] Coaching-Person. Sie ist ein:e Begleiter:in mit einer ausgeprägten Bereitschaft, sich auf Neues und Unvorhersehbares einzulassen. Sie geht das Risiko ein, auf manches nicht sofort eine Antwort, eine Lösung zu haben und nicht überall adhoc kompetent zu sein. Doch dieser Umstand sollte gleichermaßen als positive Herausforderung als auch Chance gesehen werden.

Die Bildung materialtechnischer Literalität sollte in allen Schulstufen als auch in jeder fachspezifischen tertiären Ausbildung wichtiger Bestandteil sein. Gerade wenn es um die selbstständige Entwicklung von und der Forschung an Materialien geht, ist der im Lehrplan geforderte handlungs- und prozessorientierte Unterricht (inklusive handwerklichen Grundfertigkeiten, strategischem Denken, forschendes Lernen und Reflexionsfähigkeit) bestens umgesetzt. Als Lehrende:r stellt sich die Frage welche Möglichkeiten und Wege es gibt, forschendes und experimentelles Arbeiten im neuen Fach Technik und Design umzusetzen. Welche Rahmenbedingungen und Voraussetzungen seitens der Lehrperson braucht es? Wie können die hohen Anforderungen im neuen Lehrplan (Technik und Design, Lehrplan Sek I, Stand 2.1.23) erfüllt werden? Die zwei im folgenden geschilderten Aufgabenstellungen können einer Blaupause gleich für den Einsatz im Unterricht Ausgangspunkt für eigene Überlegungen sein. Diverse Abänderungen, je nach Altersstufe, Vorwissen, Ausstattung, Lernziel usw. sind möglich, oft auch notwendig.

Herstellen

1. Erzeugung eines eigenen (neuen) Verbundwerkstoffs – Ablaufplan

Vorbereitung

- Auswahl und ggf. Aufbereitung von mind. zwei unterschiedlichen Materialien

4 Forschung und Entwicklung mit Materialien ist zwangsläufig multidisziplinär: Von Kunst, Mode, Chemie, Biologie und Physik bis hin Wirtschaft, Geografie und Geologie, Geschichte und Religion. Fächerübergreifendes Arbeiten kann Wissenslücken ausgleichen und Fragestellungen ganzheitlich bearbeiten.

- genaue Eigenschaftsbeschreibung[5] der einzelnen Materialien

Forschungsabsicht / Fragestellungen / Hypothese

- Nach welchen Kriterien wurden die (≥ zwei) Materialien ausgewählt?
- Welche Eigenschaften der einzelnen Komponenten sollen mittels Verbund verändert werden?
- Wie wird der Verbund die Eigenschaften der einzelnen Komponenten ändern?
- Welche neuen, andersartigen Eigenschaften sind vom gefertigten Verbundwerkstoff zu erwarten?
- Welche Fügetechnik wird angewandt?
- Welchen Anwendungsbereich in „Technik und Design“ könnte das neue Material haben? Wofür wäre es geeignet?

Fertigung

- Fertigung von Verbundstoffproben in mehreren Versuchsreihen mit jeweils strukturell unterschiedlich aufbereitetem Ausgangsmaterial

Dokumentation / Reflexion / Bewertung

- Dokumentation der Arbeitsphase und Ergebnisse in Wort und Bild
- Analyse der hergestellten Verbundmaterialien und Beantwortung der zuvor genannten Fragestellungen

---

5 Eigenschaften des Materials bzw. des Werkstoffs
Physikalische Eigenschaften: Dazu gehören optische Eigenschaften, das spezifische Gewicht (= Dichte), die Wärmedehnung, die Schmelz- und Erstarrungstemperatur, die Leitfähigkeit für Wärme oder Elektrizität, die Magnetisierbarkeit usw.
Mechanische Eigenschaften: Hierunter versteht man u.a. die Festigkeit, die Biege-, Schlag-, Zug- und Druck-, Schnitt-/Scher-, Torsions- und Knickfestigkeit, die elastische Verformbarkeit und die Härte.
Chemische Eigenschaften: Sie beschreiben die Bereitschaft der Werkstoffe, mit ihrem Umgebungsmedium zu reagieren, so. z.B. Entflammbarkeit, Korrosion, Oxidation, Lösemittelbeständigkeit.
Technologische Eigenschaften: Diese sind maßgebend für die Herstellung, Be- und Verarbeitung der Werkstoffe, d.h. für die Möglichkeiten, aus einem Werkstoff ein Bauteil herzustellen. Dazu gehören beispielsweise die Gießbarkeit, die Umformbarkeit, die Zerspanbarkeit, die Schweißbarkeit, die Härtbarkeit etc.

Weitere Impulsfragen: Was hat sich wie verändert? Sind die Erwartungen eingetroffen? Wo und wie könnte man den neuen Werkstoff einsetzen?

Präsentation und Diskussion

- Vorstellung des Arbeitsprozesses
- Besprechung von gewonnenen Erkenntnissen
- Was hat gut funktioniert? Wo sind Probleme aufgetreten? Was hat geklappt, was nicht?
- Vorstellung der Materialproben
- Aufzeigen potentieller Anwendungsbereiche in Design und Technik mit vorangehender Klärung des aktuellen Stands der Technik
- Ausblick und weitere Schritte

Um inhaltlich in die Breite zu gehen oder auch konkreter zu werden ist alternativ die Herstellung von *Faser*verbundbauteilen (ca. 25x12cm) in Sandwichbauweise mittels Vakuumtechnik denkbar. Hier kann mit Fasern/Gelegen/Geweben und verschiedensten Kernmaterialien gearbeitet werden. Neben den ästhetischen Merkmalen sind die technischen Aspekte wie Biege-, Druck- und Torsionsfestigkeit von Interesse. Es kann mit (selbst gebauten) Vorrichtungen für die qualitative, meist nicht zerstörungsfreie Überprüfung und Analyse des Faserverbundbauteils gearbeitet werden. Generell empfiehlt sich eine Beschreibung mittels Vergleichswerten zu gleichartigen Bauteilen, wo z.B. der Lagenaufbau oder die Kerndicke entsprechend geändert wurden. Wenn es um Leichtbau geht, ist der Faktor Gewicht relevant.

Weitere Parameter, die man in die Aufgabenstellung mit einfließen lassen kann oder die selbst zum dominanten Faktor im Materialexperiment und dessen Ausrichtung werden können sind Verfügbarkeit, biologische Abbaubarkeit, Recyclingfähigkeit, Nachhaltigkeit (auch im sozialen und ökonomischen [?] Sinn) Wiederverwertbarkeit, Cradle-to-Cradle etc.

Oder, ein nicht minder interessanter und wertvoller Ansatz: Zuerst das Experiment und dann die Aufarbeitung. Auch dieser Zugang hat seine Qualität, weil weniger verkopft, eingeschränkt und kindgerechter, frei nach dem Motto: „Ran ans Material, urformen,

Abb.1 Studierende der Universität Mozarteum Salzburg beim Handlaminieren von Faserverbundbauteilen (Foto: Dominik Gumpenberger)

umformen, fügen, trennen und ändern was das Zeug hält, oder eben auch nicht."

Die Dokumentation, Beschreibung und Analyse kommt danach, genauso wie die Einordnung in einen größeren Kontext wie z.B. Nachhaltigkeit.

2. Design und Produktentwicklung 2./3.Klasse: Aufbewahrungsobjekt aus Kunststoffröhren

Aufgabenstellung:
Plane, konstruiere und baue ein Aufbewahrungsobjekt für mehrere Gegenstände deiner Wahl aus dem zur Verfügung gestellten PP-Kunststoffrohr (Länge 970 mm, Außendurchmesser 50 mm). Das Kunststoffrohr kann mit einem anderen Material kombiniert werden, ausgenommen von dieser Regel sind Verbindungen und Verschlüsse.

Vorbereitung

- Experimentiere mit dem Material: Wie lässt es sich umformen, trennen und fügen? Wie verhält es sich dabei?
- Erkunde und notiere dir die charakteristischen Eigenschaften des Materials (z.B. Lichtdurchlässigkeit)

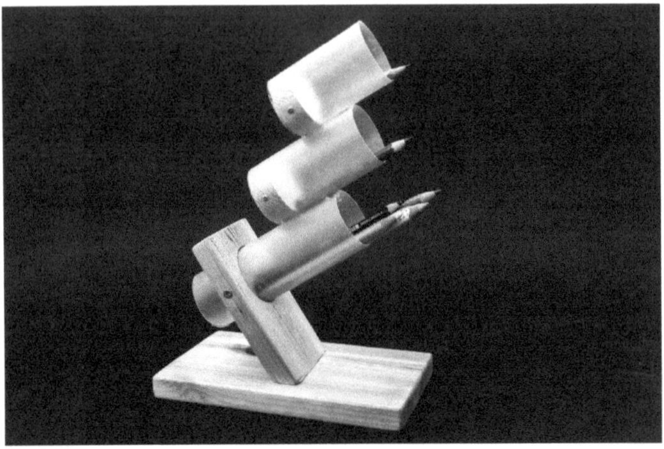

Abb.2 Stiftehalter, Lovric Marin, 3.Klasse AHS (Foto: Dominik Gumpenberger)

- Überlege, was du dir vom Objekt wünscht. Was muss und was sollte es können?

Erstellung einer Anforderungsliste
- Lege schriftlich fest, was und wieviel davon du in deinem Objekt aufbewahren möchtest.
- Beschreibe den genauen Einsatzbereich/Einsatzort des Objekts. Wird das Objekt gestellt oder gehängt, oder muss es mobil sein?
- Erstelle eine Tabelle mit zwei Spalten in der vermerkt ist, was das Objekt erfüllen muss und was es erfüllen sollte.

Konzipieren/Entwerfen/Ausarbeiten
- Versuche die besonderen Eigenschaften des Materials in deinem Aufbewahrungsobjekt möglichst gut zum Ausdruck und Einsatz zu bringen.
- alle weiteren Schritte: siehe „Verlauf des Designprozesses" nach Zankl/Heufler

Überprüfung und Beurteilung

Praktische/technische Funktion:

Erfüllt das Produkt den Zweck, für den es geschaffen wurde? Ist es praktisch in der Anwendung? Haben alle eingeplanten Gegenstände

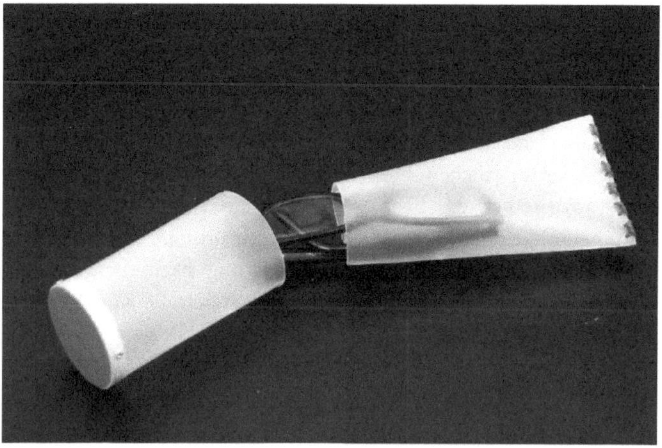

Abb.3 Brillenetui, Ajredini Shquipe, 3.Klasse AHS (Foto: Dominik Gumpenberger)

Platz? Lassen sie sich leicht hineingeben und wieder entnehmen? Schließt ein etwaig vorhandener Verschluss bzw. Deckel? Ist es stabil und standfest? Wie gut ist die Verarbeitung? Ist eine lange Haltbarkeit gegeben?

Ästhetische Funktion:
Wie wirkt die Form? Ist das Objekt reizvoll, ansprechend, klar und überzeugend in der Formensprache? Ist es wohl proportioniert? Wurde das Material fachgerecht verarbeitet? Wie ist die Verarbeitungsqualität?
Wurde sauber und präzise gearbeitet?

Fazit

Es liegt an uns Lehrkräften, Materialexperimenten den Raum und die Zeit zu geben, die sie brauchen. Im Einklang mit motivierter, fachkundiger und kompetenter Betreuung sind die Voraussetzungen erfüllt, um ergebnisoffen mit Freude und Neugier sinnvoll und erkenntnisreich zu arbeiten. Natürlich sind Scheitern und Misserfolge (wenn man davon in diesem Kontext überhaupt sprechen kann) einzukalkulieren, aber auch hier entscheidet die Reaktion und Einordnung der Lehrperson über den Nachhall des Erfahrenen und Erlebten.

Nicht nur für forschendes Arbeiten ist es wichtig, ein Gespür für Materialen und deren Eigenschaften zu entwickeln und in weiterer Folge zu verinnerlichen: Die materielle Literarität ist für schöpferische Prozesse genauso bedeutsam, beeinflusst sie doch nachhaltig Entscheidungen in Design und Produktgestaltung.

Abschließend, und meiner Einschätzung nach nicht minder wichtig, ermöglicht materialtechnisches Wissen die Kopetenz, bei Kaufentscheidungen ihre Auswirkungen auf das eigene Leben, die Gesellschaft und die Umwelt besser abschätzen und einordnen zu können.

Literatur

Bak-Andersen, M. (2018): 'When matter leads to form: Material driven design for sustainability'. Temes de disenny 34: 12-33. Online verfügbar unter: file:///Users/main/Downloads/343481-Article%20Text-495792-2-10-20181123.pdf (Zugriff: 11.05.2023)

Bendeich, E. (Hrsg.) (2019): Kostenmanagement in Entwicklung und Konstruktion. Produktwert und Kosten gemeinsam optimieren. Würzburg: Vogel Communications Group.

Dahlmann, P., Bartels, D. (2007): Bedeutung der Weiterentwicklung etablierter Werkstoffe. In: Höcker, H. (Hrsg.) (2007): acatech diskutiert: Werkstoffe als Motor für Innovation, S. 73-80. Berlin: Fraunhofer IRB Verlag. Online verfügbar unter: https://www.acatech.de/publikation/werkstoffe-als-motor-fuer-innovationen/ (Zugriff 11.05.2023

Heinricht, F. (2007): Bedeutung von zukünftigen Werkstoffen – Materials for a better life. In Höcker, H. (Hrsg.) (2007): acatech diskutiert: Werkstoffe als Motor für Innovation, S. 73-80. Berlin: Fraunhofer IRB Verlag. Online verfügbar: s. o.

Höcker, H. (Hrsg.) (2007): acatech diskutiert: Werkstoffe als Motor für Innovation, Berlin: Fraunhofer IRB Verlag. Online verfügbar unter: https://www.acatech.de/publikation/werkstoffe-als-motor-fuer-innovationen/ (Zugriff 11.05.2023)

Kalweit, A., Paul C., Peters, S., Wallbaum, R. (2011): Handbuch für Technisches Produktdesign: Material und Fertigung, Entscheidungsgrundlagen für Designer und Ingenieure, 2.Auflage. Berlin Heidelberg: Springer

Zankl, G., Heufler, G. (1985): Produktgestaltung, Lehrerhandbuch für die Werkerziehung der 10- bis 15jährigen. Linz Wien: Veritas Verlag

Werklehrer:innen?
Wozu?
Basteln kann jede:r
unterrichten ...
Lösungen vorgeben oder finden lassen?
Technisch-Textil:
gemeinsam geht's besser!
Werken gegen den Energiehunger
Design?
Die sollen Nageln lernen!
Im Rollstuhl werken ?

SCHULE UND UNTERRICHT – TECHNIK UND DESIGN IN BEISPIELEN

Georg Jaroschka

Project 2061

Technik und das andere Design

Worauf man, in aller Bescheidenheit, bei Bildung hoffen darf, ist das Erreichen eines höheren Grades an Bewusstwerdung und Realitätsdiskriminierung – der Fähigkeit, festzustellen, was objektiv wirklich ist. Bis man mit Einbildungskraft erdachte Formen nicht genau auf Papier aufgezeichnet hat, hat man noch keine klare Vorstellung davon, wie sie tatsächlich aussehen könnten. Bis man Gedanken noch nicht in treffsicheren Worten niedergeschrieben hat, weiß man selten, was einem bislang bewusst geworden ist. Und oft wird erst im Vorgang der Verschriftlichung offenbar, was noch im Vorbewussten schlummerte, denn Schreiben wie Graphik sind an sich Methoden der Aufklärung. Man zeichnet denkend und denkt zeichnend. Man schreibt, umschreibt und schreibt um, bis sich trennscharfe Argumente herausstellen. Manchmal fehlen einem schlicht die Worte, um Sachverhältnisse auszudrücken, weil sie entweder zu verworren sind, als dass man sie ohne Weiteres mit konventionellen Begriffen beschreiben könnte, oder aber es fehlen die Begriffe selbst, weil die Gemeinschaft noch keinen Bedarf zu deren Aufnahme und Verbreitung sah.

Jedenfalls entstehen sie ununterbrochen, die neuen Zeichen und Begriffe, im privaten Denken und Schreiben, mal als improvisierte Krücken und temporäre Platzhalter, mal als monumentale Eckpfeiler für die Ewigkeit. Automat und Roboter waren irgendwann einmal auch nur „Dingsda", aber keinen Begriff finde ich in der gegenwärtigen Debatte um die Bestimmung der Werkerziehung so irritierend wie den des „Designs". Wortgeschichtlich ist es ein Ausschnitt oder eine Hervorhebung, zu dem das deutsche Wort „Gestaltung", etymologisch eine augenfällige Anhäufung, wahrlich synonym ist.

Allein, man meint damit schon seit dem Humanismus einmal mehr die Logik bildlicher Erhebungen und Vertiefungen, ein andermal solche Höhenunterschiede im Bild des Denkens, also die schematische Planungsabsicht. Freilich entwirft man immer mit Sinnen und mit Verstand, doch Letzteres unterliegt im angloamerikanischen Raum der Diskussion um technische Bildung. Und das ist das Problem, dass es überhaupt zur Trennung des einen, funktionalen Designs von den anderen Arten von Design gekommen ist.

I. Project 2061

Jede und jeder hat vermutlich sein oder ihr Lieblingsbuch zur Technikdidaktik. In meiner Fachbibliothek sticht jedenfalls ein Band heraus, den ich immer wieder in Händen halte, um im Glanz seines Ehrgeizes zu baden und mir das Glück bewusst zu machen, auf ihn gestoßen zu sein. Wenn die technische Bildung als Kathedrale gesehen werden möchte, die allenfalls wie Saint-Pierre de Beauvais als überdimensioniertes Querschiff auf Erlösung wartet, dann ist dieses Stück Fachliteratur einer ihrer Eckpfeiler. Länger als die jüngere Generation Werkerzieher:innen am Leben ist, gibt es diesen Kompass, nach dem sich technische Bildung richten müsste. Vor 34 Jahren publizierte die Amerikanische Gesellschaft zum Fortschritt in den Wissenschaften (AAAS) diesen Beitrag als wegweisenden Abschluss der 1985 begonnenen ersten Phase des Project 2061 unter der Leitung ihres Direktors für Bildung, dem Biochemiker Dr. Floyd James Rutherford. Die Generation-X und die Millennials gingen damals bereits oder schon bald zur Schule und bilden heutzutage überwiegend das Lehrer:innenkollegium. Die darin enthaltenen Empfehlungen wurden durch den Nationalrat für Wissenschaft und Technologie unterstützt und mittlerweile durch die Bush und Obama Administrationen lanciert.

Der Name der Unternehmung soll an das Jahr erinnern, in dem der Halleysche Komet wieder in Erdnähe sichtbar sein wird. Spätestens 2061 müsste das Ziel des Projekts zur Selbstverständlichkeit geworden sein, ausnahmslos allen Amerikaner:innen elementare, dafür aber fließende Belesenheit in den MINT-Fächern zuteil werden zu lassen. Was konkret damit gemeint sein will und wie weit man vom Ziel noch entfernt ist, obwohl der Komet heuer, 2023, gerade die halbe Strecke schaffte und sich somit schon wieder im Anflug befindet, will weiter unten ausgeführt werden. Das beschauliche Alpengebiet jedenfalls, das sich durch zwei Weltkriege von Monarchie und Faschismus befreite, hat sich bei seiner Neuerfindung von der transatlantischen Supermacht den Mut für einen gesellschaftlichen Wiederaufbau abgeschaut, ist, wie so viele andere Gebiete, ideologisch auch „Amerika in Expositur“, und somit vom Projekt direkt angesprochen.

Zu einer Zeit, als die technische von der naturwissenschaftlichen Bildung („science literacy“) noch nicht explizit unterschieden werden sollte, synthetisiert, vernetzt und bettet die Schrift „Science for All Americans“ (fortan „Science“) fünf einzeln in Auftrag gegebene Berichte zu den Fachbereichen Biologie und Medizin, Mathematik, Physik und Informatik, Soziologie und schließlich Technologie in den Kontext einer Reform des Schulsystems. Kritik am Status quo oder Analyse der systemischen Mängel hat man sich verkniffen. Stattdessen versammelte man gut zweihundert renommierte Expertinnen und Experten der USA, die sich an den besten Universitäten, staatlichen Instituten oder mächtigsten Konzernen aufhielten, und bat sie als repräsentative Auswahl für die MINT-Gemeinschaft ein Rahmenwerk zu entwerfen, das in sich diejenigen wenigen und notwendigen Einsichten bündeln und einen zuverlässigen Weg zum wissenschaftlichen wie technischen Denken für alle Kinder und Jugendlichen gewährleisten sollte. Wegen der komplexen Vernetzung der Weltwirtschaft hängt tatsächlich aller Leben bereits unmittelbar nicht nur vom Stand der Technik sondern auch von der Erfüllung der Erwartung technischen Fortschritts ab. Es liegt daher im Interesse einer jeden Person, nicht nur Technologie voranzutreiben, sondern sich auch möglichst technikbelesen zu verhalten, damit die Wirkung von Technologie auf die Gesellschaft auch effizient gelingt.

Dem bewusst heterogen zusammengestellten Gremium für Technologie, das mit der Aufgabe betreut war, einzelne Fragestellungen von geeigneten Beratern ausarbeiten und zigmal extern begutachten zu lassen, saß der Wissenschaftsdirektor der Firma 3M vor. Keramikingenieur Dr. James Robert Johnson trägt in dem „Report of the Technology Panel” (fortan „Report“) eine stereotype Technikermentalität zur Schau, der ich einiges abgewinnen kann, die mich jedoch in einem Punkt stutzig macht, sie spielt den Einfluss freien Spiels herunter. Noch bevor der Bericht im Hauptteil einzelne Technologien bespricht, wird die Anregung aufgenommen, über die alltägliche pädagogische Situation frei spekulieren zu dürfen, wie sich aus der Perspektive professioneller Technologen und zweier Professorinnen vom College of St. Catherine die vorgeschlagenen Inhalte am ehesten umsetzen ließen. Problemlösen wird hier an erster Stelle genannt, weil sich auch die Wirtschaft in erster Linie hiervon am meisten verspricht. Beobachtung, Messung und Analyse, die Suche nach Alternativen, „Visualisieren" des Ganzen und des organisierten Zusammenspiels seiner Teile, kritische Informationsbeschaffung oder die Bevorzugung von Teamwork und Gruppenarbeit sind zweifelsfrei alles objektivierbare Verhaltensweisen einer jungen Technologin, die sich zwischen die Reihen ihrer langgedienten Firmenkollegen eingliedern möchte, ohne anzuecken.

Durch Ausblenden des individuellen Wunsches nach technischer Schöpfung, was wir hingegen in der Klasse jeden Tag im Schuljahr erleben, stellen die Mitglieder des Gremiums nach meinem Dafürhalten „technische Bildung“ und „technisches“ Personal als Wirtschaftsgut großer Korporationen dar, als „commodity". Johnson muss dennoch zugeben: „invention is traced to a single mind" („Report“ S. 8). Wenn ein Gros der Techniker:innen aber, und zwar schon immer und in Zukunft vermutlich immer mehr, in kleineren Unternehmungen recht autonom für Innovation verantwortlich ist, dann muss dies auch im Curriculum abgebildet werden. Entdecken, dass beim Schaffen etwas überhaupt Probleme macht, die Problematisierung, erscheint mir viel wichtiger, als das Lösen von fix und fertig vorbereiteten Schwierigkeiten. Die meisten Schüler:innen pauken für die Prüfung, können zwar mit Zahlen und Termen jonglieren, aber leider selbst einfachste persönliche Einsicht in den Nutzen von Calculus, Statistik oder Trigonometrie nicht beweisen. Ohne persönlichen Zugang bei den Grundlagen kommt man in Bereichen wie der Mechatronik auf eigenen Beinen nicht sehr weit. Aus jugendlicher Sicht bleiben Textangaben immer abstrakt und können das Drama materieller Auseinandersetzung nur ergänzen und vertiefen, nicht aber ersetzen.

Beeindruckt zeige ich mich deshalb von der Forderung des Technikgremiums nach Verankerung und möglichst großzügiger Ausweitung der „hands-on/minds-on“ Pädagogik. So fordert Johnson in seinem Bericht folgerichtig auch die Integration aller Mittel der „technischen Bildung“ wirklich auf allen Schulstufen einzusetzen: Vom Kindergarten bis zur Maturaklasse müssten Bibliothek, Labor, ausgerüstete Werkstatt, Messinstrumente, Computer mit Hard- und Software für Anschluss, Betrieb und Auswertung derselben, als auch das mathematische Modellieren zum üblichen Lernprozess gehören. Die Lösung selbstgestellter konstruktiver Probleme als unabdingbare Stütze der Technikdidaktik macht Konzepte in ihrer Anwendung erlebbar. Durch praktische Unterrichtsgestaltung kann man zur wesentlichen Einsicht anleiten, dass sich Mathematik und Naturwissenschaft durch den Einsatz technischer Instrumente entwickeln, anders herum, dass die Entwicklung dieser Instrumente dies den naturwissenschaftlichen Erkenntnissen und mathematischen Methoden verdankt.

Der technische Prozess, „shaped by the designs of engineering“ („Report“ S. 1), ist von den Gestaltungsabsichten des Ingenieurswesens geprägt. Während es der Wissenschaft bereits reicht, zu verstehen, wie etwas funktioniert, genügt der Technik nichts außer der gelungenen Durchführung ihrer Prinzipien und Muster, die sich immer schneller verändern. Technologischer Wandel bestimmt freilich über das Schicksal des Einzelnen am Arbeitsmarkt. Schule als zentral gesteuertes System, versponnen in curriculare Legislative, Budgetierung und Personalbestellung, die alle mit deutlicher Verzögerung auf Trends reagieren, wird jedoch niemals, so Erziehung nicht völlig oder in großen Teilen automatisiert werden wollte, eine konkrete Berufsvorbereitung sein. Dagegen ist es schon sinnvoller sich darauf vorzubereiten, in einer Welt leben zu wollen und arbeiten zu müssen, in der Technik die Gesellschaft prägt und sich von ihr prägen lässt.

Als Beispiel für diese Wechselwirkung verweist Johnson auf die Entwicklung des Kraftfahrzeugs, dessen Erfolgsgeschichte sich nicht ohne ökonomische, ergonomische und soziopolitische Neuerungen ereignet hätte. Im „Report“ (S. 10f) wird viel Wert auf die Komplexität soziotechnologischer Systeme und deren systemtheoretische Betrachtung gelegt. Da alles mittlerweile vernetzt sei, könne das Gebrechen einer einzigen Fluglotsenstation den weltweiten Flugverkehr beeinflussen, wie auch die Schreckensnachricht einer Terrorattacke durch deren Verbreitung in globalen Mediennetzen quasi überall wirke. Die Reflexion technologischer Vernetzung hat somit soziologische Regulierung zu berücksichtigen. Die rasante Entwicklung der Halbleiterindustrie und Mikroprozessortechnik ist ein Lehrstück fürs 21. Jahrhundert in Sachen Marketing und internationale Synergien aus diversen Gesellschaftsbereichen wie Forschung, Industrie, Militär und Privatkonsum. Chipdesign ist mehr als nur ein cleveres Patent auf Silizium. Man muss diese Praxis als Teil eines sozialen Ereignisses verstehen.

II. Technik und das eine Design

In Rutherfords „Science" werden Gemeinsamkeiten, Überschneidungen und Vernetzungen der fünf Einzelberichte zu zwölf Kapiteln mit Stoffempfehlungen extrapoliert. Mit „Benchmarks for Science Literacy" (1993) und „Blueprints for Reform" (1998) liegen zwei im breiten Austausch mit pädagogischen Instituten nicht weniger aufwendig recherchierte Folgebände vor, die sich auch wieder direkt an den Schulstandort richten können und mit ihren Kompetenzrastern eine standardisierte Ausformulierung von Jahresplanung und Unterrichtsstunde beschleunigen. Beide Arbeiten wurden zur eiligen Verbreitung auch gleich als online-Publikationen entworfen. Wissend, wie empfindlich das Schulsystems auf eine Analyse seiner konstitutiven Elemente reagieren würde, pirschte sich „Blueprints“ behutsam an zwölf Komponenten heran, um Reformpotential auszuloten. Kapitel sieben verweist z.B. auf digitale Medien und Kommunikationswege, als Methode, um Lehrpersonal und Schülerschaft mit Inhalten zu versorgen. Den Verfassern war klar, dass die Hinführung zu den empfohlenen MINT-Kompetenzen je nach Ausbildung und Erfahrung auch überfordernd wirken kann. Die Entwicklung des Internets intervenierte hier, Beispiele zur Unterrichtsgestaltung sind Fluch und Segen der zeitgenössischen Didaktik. Wie ich Schüler:innen Medien zu Konstruktion und Programmierung von Robotern zur Verfügung stelle, ist hier zu finden: moessarm.github.io[1]

1 https://beweonline.github.io/ (25.10.2023) „moessARM“ ist ein Robotikprojekt, das ursprünglich für die Design- und Technologieausbildung des BGBRG Moessinger in Klagenfurt entwickelt wurde.

Bei „Benchmarks“ werden die in „Science“ abgesteckten Inhalte als Kompetenzen nach Altersstufe ausgedrückt. Die besonders hübschen Gedankenkarten aus den beiden großformatigen Ringbüchern „Atlas of Science Literacy“ (2001 & 2007) der AAAS spinnen zwischen den synergistischen Kompetenzen von „Benchmarks“ querverbindende Strukturen. Weil bei MINT Vernetzung von Fakten zum Wichtigsten gehört, müssten Tests auch Reflektion statt Reflexion erfassen, müssten Schüler statt rohem Erinnerungsvermögen die Fähigkeit zum Überlegen beweisen. In Hinblick auf die Lehramtsausbildung, den Quereinstieg oder die Lehrstoffverteilung einzelner Klassen, muss sich niemand mehr den Kopf zerbrechen, was wann wie gelernt worden sein müsste. Das steht dort alles schwarz auf weiß. Den großen Blick fürs Ganze von Technik und Design schärfen zunächst aber die beiden Kapitel zur „Natur der Technik“ und zur „gestalteten Umwelt“ in „Science“, wo explizit auf die innige Verbindung der beiden Bereiche hingewiesen wurde und sich Design zur Sicherheit als Unterpunkt im Technikkapitel wiederfindet. Trotz seines Alters muss man dem Text zugute halten, dass die Stoffauswahl mit Weitsicht vorgenommen wurde.

Der Bericht des Technologiegremiums war mit Blick auf die „Jahrtausendwende“ eher euphemistisch verfasst worden, wobei man aber nicht vergessen darf, dass hier Leute am Werk waren, die schon wussten, was als Übernächstes aus der Schublade gezogen werden würde. Nun liegt die Zukunft ohnehin auf dem Tisch. Mit dezentralisierter AI wird auch der Unterschied von Hard- und Software verschwinden und Personalcomputer meint dann endlich wieder das, was ich mir als Kind unter einer Computerperson vorgestellt habe. Mensch wie Maschine müssen die Stufen der Lernökologie erklimmen. Das Lernen-lernen lernte meine Generation, indem sie sich Programmieren durch Abschreiben von Code aus Monatszeitschriften und Elektronik durch Auslöten von Elektronikschrott beibrachte. Spätere Generationen hatten kaum Anreiz dazu, konnten Software und Mikrocontroller schon konsumieren und haben in der Schule statt Programmiersprachen doch nur Büroanwendungen kennen gelernt. Heute braucht man mit Kids der fünften Schulstufe beinah ein Semester, damit sie auf ihren Tablets ein Konto im Schulnetz anlegen und ihr Passwort richtig eingeben. Es ist schon ernüchternd – und der Komet kommt.

Rutherford hob bereits die Einheit von Technik und Naturwissenschaft hervor: „[T]he ability to make something and the ability to study it are so interdependent that science and engineering can scarcely be separated." („Science" S.27). Treibende Kräfte in der Geschichte der Computergraphik und -vision, wie Edwin Catmull, wollen diese Einheit zurecht auch auf die bildende Kunst ausgedehnt verstehen. War die Trennung des Technikunterrichts nach Material und Geschlecht schon ein Versehen gewesen, so besteht nun die Möglichkeit, irrtümlich das eine vom anderen Design zu trennen. Das Kapitel zur Technik machte eingangs gleich auf diese wichtige Schieflage des MINT-Konzepts aufmerksam, dass es nämlich sehr viel mehr Ingenieur:innen gibt als Wissenschaftler, von denen etliche gar in ihrem angestammten Metier eigentlich wiederum Ingenieurstätigkeiten verrichten. Ingenieur:innen sind Augen und Muskeln der Wissenschaft, heißt es so schön. Wesentlich ambivalenter als noch im „Report" wird in „Science" nun von Design als kreativem Entwerfen unter hauptsächlich ökonomischer Beschränkung gesprochen. Es verlange nach jeder Menge Vorstellungskraft, um alle Phasen eines Produktzyklus samt Serviceleistungen zu planen und vor allem zu testen. Doch so ganz will man der Ästhetik als Schlüsselqualifikation von Techniker:innen auch hier nicht trauen, wie man wohl auch Vorbehalte gegenüber Künstler:innen hegte, wenn sie in ihren Werken und Interventionen naturwissenschaftliche Absichten anmeldeten.

All dies ist ausgesprochener Humbug, denn zur selben Zeit, als das Project 2061 Fahrt aufnahm, professionalisierte sich im Sog des Erfolgs von „Krieg der Sterne" eine ehemals schwer aufzutreibende Bande Tüftler:innen und aktiver technischer Individuen, die im Graubereich von Kunst und Ingenieurswesen nicht nur die visuellen Effekte künstlerisch selbst ausführten, sondern auch ingenieurmäßig neue Methoden erfanden und passende Geräte hierfür konstruierten. Designend im doppelten Sinne also! Nach der Automatisierung der Filmkamera eroberte der Computer jede weitere Abteilung der photochemischen Postproduktion bis er nun in Form der virtuellen Filmbühne aus dem Kino ein neues „Dingsda" machte, dem nur noch Atavismen der analogen Wirklichkeit zugefügt werden müssen. Es ist in der Branche zunehmend bedeutungslos geworden, zwischen verschiedenen Professionen zu unterscheiden.

Code, Mathematik, Physik und Ästhetik begleiten dieses Berufsfeld auf Schritt und Tritt. Wenn es um Visualisierungstechnik geht, dann sind die unter der Marke Disney vereinten Studios die treibende Kraft am Planeten, weil jede Innovation mit der Chance auf emotionale Bindung des Publikums auch ertragreichere Lizenzverträge sichert. Ich persönlich halte die Kraftanstrengungen der Unterhaltungsindustrie für übertrieben und hätte sie mir stattdessen in der medizinischen Forschung gewünscht. Die Geschichte lehrt, damit zu rechnen, dass sich technische Grundbildung immer auch in Bereichen aktualisieren wird, die man noch nicht auf dem Radar hatte.

Bei der in „Science" vorgelegten Auswahl konkreter Inhalte zur Natur der Technik, an denen sich Kompetenzen entwickeln sollen, musste sich ein Konsens über Prioritäten ergeben: es gäbe nicht immer eine Lösung, und schon gar keine perfekte; wer elektronische Kontrollsysteme verstünde, hätte auch Kontrolle darüber; man habe mit unvorhergesehenen Nebeneffekten auf Gesundheit und Umwelt zu rechnen; Redundanz und Verschlüsselung seien gangbare Sicherheitsvorkehrungen; Versorgung einer wachsenden Weltbevölkerung stresse das Klima; Beschränkungen oder Abhängigkeiten, wie vom Mikroprozessor, würden Anreize in der Gesellschaft verändern; manches Wissen müsse vor öffentlichem Zugang geschützt bleiben; Vor- und Nachteile technischer Alternativen sollten kritisch abgewogen werden; der akkumulierte Effekt vieler kleiner Entscheidungen könne erheblich sein … Ganz offenbar wurde hier dem soziologischen Tenor Nachdruck verliehen und seine Anliegen müssten einiges an Unterrichtszeit für Diskussionen, Lehrausgänge und Präsentationen in Anspruch nehmen. Die aktuelle Lehrplanverordnung wird dies mit Fokus auf den Designbegriff unterstützen.

Etwas anders sieht die Situation im Kapitel zur Umweltgestaltung aus, in dem Agrikultur einen Sonderplatz einnimmt: weniger als zwei Prozent der westlichen Weltbevölkerung würde heute noch an der Intensivierung von Landwirtschaft arbeiten; ein weit größerer Teil sei mit der Logistik zur Nahrungsverteilung beschäftigt, der genetischen Anpassung des Saatguts, der Entwicklung von Schädlingsbekämpfung oder etwa der Konstruktion von Maschinen für die involvierten Bereiche; dem stehe der Schutz von Lebensraum zum Erhalt der Artenvielfalt problematisch entgegen; für eine umweltverträgliche Ernährung müsse man zu finanziellen Opfern bereit sein, denn den Planeten wieder gesund zu essen, werde zum Luxus; Materialien mit besonderen Eigenschaften zu entwerfen, verlange auch nach besonderer Entsorgung; kundenindividuelle Massenfertigung ersetze zwar Fachkräfte, fordere im Gegenzug aber mehr Systementwicklung; wer schneller mehr Energie an eine Stelle transportieren könne, habe Vorteile; Rausch- und Nutzsignal bestimmten Formen der analogen und digitalen Kommunikation und Informationsverarbeitung, die in Industrieländern die Hauptbeschäftigung ausmachen …

Es zieht sich wie ein rotes Band durch alle Kapitel des Buches: Energie ist der Schlüssel zu MINT. Ist das Prinzip der Energieumwandlung erst einmal in den Mittelpunkt gerückt und zum Ausgangspunkt aller Ausflüge geworden, erlaubt es genialer Weise auch Wissen und Erfahrung von einem Fach zum anderen zu übertragen. Die beiden ersten 2017/19 von der AAAS herausgegeben Schulbücher für Unter- und Oberstufe ziehen daher die Biologie komplett von der Idee des Energiehaushalts auf. Im Kreislauf des Lebens absorbieren Pflanzen Sonnenlicht, fressen Tiere Pflanzen oder andere Tiere, sterben und werden von Bakterien und Pilzen zu energiereicher Biomasse abgebaut. In einem geschlossenen System bleibt Energie zwar erhalten, nur gibt es bei jeder energetischen Umformung in der Praxis eben erhebliche Verluste, die in Form gestreuter Wärmestrahlung in die Umgebung dissipieren. Bis auf die im Werkstück gebundene, verteilt sich nach dem Gesetz der Wahrscheinlichkeit die gesamte von Mensch und Maschine aufgebrachte Arbeitsenergie in die kühlende Atmosphäre. Ergo verringert weniger Handarbeit im Werkunterricht die globale Erwärmung. Ich scherze, obwohl es fürchterlich ernst ist.

III. Energie und das andere Design

„[A]lles ist Thema für das schönste Unterrichtsfach der Welt" hieß es in der Liebeserklärung an die Werkerziehung von Hartwig Tauber aus dem schulheft 89. Weil ein Entwicklerchip wie der winzige NodeMCU Amica heute nur noch ein paar Euro kostet, drücke ich Schülern:innen ihr persönliches Exemplar in die Hand, wissend, dass er 20 mal schneller ist als der Commodore Amiga, den die

Kollegen Tauber und Lhotka für das damals vorgestellte Robotikprojekt als einzige Steuereinheit für eine ganze Gruppe einsetzten. Ich gestehe meine Hassliebe ein: Die Werkerziehung hat zur billigen Aufgabe, die Praxis der MINT-Bildung zu sichern; doch hat sie das Potential, dies in einem Zustand der Verwöhnung zu tun, die darin besteht, die Tragweite menschlichen Handelns aus Habsucht nach Status, Luxus und Repräsentation – alles nur Formen des Hungers nach Energie – zu untertreiben, indem sie die Kreation von Werkstücken begünstigt, die beschränkte Ressourcen möglichst weit auszuschöpfen sucht? Schneller, weiter, länger, leichter, genauer und dergleichen Komparative vermitteln leicht die falsche Botschaft, wenn sie nicht an Minimalismus, Geduld und Verzicht auf Eigentum geknüpft sind. Die eingangs erwähnte Crux ist, dass unter „Design" im MINT-Kontext für gewöhnlich Energieeffizienz gemeint wird. Nun verhält es sich aber so, dass sobald jemand Energie zu sparen weiß, dies nicht den gewünschten psychologischen Effekt hat, nun dieselbe Leistung wie vorhin mit weniger Energie zu verrichten, sondern mit derselben Menge Energie mehr Leistung zu erbringen.

Wie keine andere Nation bewerben die USA in ihrer Öffentlichkeitsarbeit die Hebung des Wohlstands durch Garantie einer technischen Schulbildung. Doch allein die Menge an zur Verfügung stehender Energie bestimmt die Ausgestaltung von Wirtschaft und Technik. Um Energie herrscht darum richtiggehend ständiger Krieg. Wie lebt man den eigenen Kindern Bescheidenheit vor, wenn andere das Eingesparte zu ihrem eigenen Vorteil absahnen? Wie soll man das energetische Wettrüsten bremsen? Wann hat man je genug? Was man unter Bescheidenheit oder Selbstbegrenzung und Energiehunger versteht, ist relativ und umstritten. Leben und Evolution sind von energetischer Ausbeute getrieben. Intelligentere Lebewesen verbrauchen mehr Energie und haben mehr überlebende Nachkommen. Das Leben kennt da keine heilige Balance und hält vor keinem kritischen Schwellenwert inne. Man mag sich alle möglichen dystopischen Zukunftsszenarien ausmalen und überlegen, wie die Menschheit noch in Schach zu halten sei. An anderer Stelle in „Science", einem Unterpunkt zum menschlichen Lernverhalten, wird daher eine MINT-Fähigkeit beworben, Informationen gerade dann nicht zu ignorieren, wenn sie im Widerspruch zu liebgewonnenen Ideen und geistigen Gewohnheiten stehen. Buddhisten glauben an denselben Ausweg: Erleuchtung, auch wenn sie sich nur stückweise als Befreiung von Unwissenheit und Leid ereignet, nimmt der Gier ihr Substrat.

„The same intelligence that got us where we are – improving many aspects of human existence and introducing new risks into the world – is also our main resource for survival." („Science" S. 33)

Die Autorenschaft von „Science" sah Erleuchtung letztlich in Form von AI und wie sie dem Menschen sein Umweltproblem schon noch richten würde. Nur kann ich mir beim besten Willen nicht vorstellen, wie die Kommerzialisierung von AI zur absoluten Einsparung von Energie führen soll und vermute, dass wir durch eine vorschnelle Verbreitung dieser Technologie auf ihrem gegenwärtigen Entwicklungsstand und dem unsrigen womöglich in Kauf nehmen, die Verschlechterung der Ökosphäre noch schneller über den Umkehrgrenzpunkt zu treiben. Es mag seltsam sein, dass ein neuer Begriff aus Ziffern bestehen sollte, aber schließlich stecken wir mit der Energiekrise ja auch in einem „Catch-22". Wieso sollte man also nicht von einem Unterricht, der die Zwickmühle thematisiert und echtes Energiebewusstsein schafft, als „Project 2061" sprechen?

Die Jugend kann sehr wohl durch ästhetische Kampagnen Einfluss auf das soziale Gefüge nehmen und das Begehren, das aus Mangel an alternativen Wunscherfüllungen in ein unverträgliches Verhältnis zu apparativen Technologien geraten ist, auf Modi des Seins richten, die mit einer neuen Attraktivität kokettieren: der Energieeffizienz von Psyche, dem Balsam der Genügsamkeit auf die Seele einer Generation, die durch die Agenden ihrer Klimapolitik öffentliche Strukturen kapitalistischer Einflussnahme transparent macht und sich gegenüber fadenscheinigen Ablenkungsmanövern, wie dem Vorwurf fehlender marktwirtschaftlicher Erfahrung, ob ihrer Bereitschaft auf parteipolitische Repräsentation zu verzichten, immun erweisen könnte. Die großen Medienhäuser werden nicht das Design der Genügsamkeit verbreiten, allenfalls die Kids per Stream vom Smartphone. Also bleibt der nächsten Generation zu wünschen, dass wir ihr durch technische Bildung ausreichend Erfahrung im Umgang mit nachhaltigem Design gegeben haben werden, damit sie sich die Welt so macht, widewide wie sie ihr gefällt.

Literatur

Rutherford, Floyd James; Andrew Ahlgren (1994): Science for all Americans, AAAS, Oxford Univ. Press, NY. https://www.aaas.org/resources/science-all-americans

Johnson, James R. (1989): Technology: Report of the Project 2061 Phase I, AAAS, Washington, D.C. https://eric.ed.gov/?id=ED309058

Ingrid Maria Hackl

Problemzonen in der Schule

Lehrpläne wollen umgesetzt werden. Dass dies nicht immer so leicht ist, machen verschiedene Problemzonen deutlich. Einige Problemzonen haben jedoch Ursachen, die nicht dem Lehrplan geschuldet sind, sondern aus strukturellen Maßnahmen der Vergangenheit resultieren und noch immer ihre Wirkung auf Ebene des Unterrichts entfalten. Die Zusammenarbeit der Fachcommunity bei der Bewerkstelligung dieser Problemzonen ist enorm wichtig und wird zum Beispiel anhand der Fort- und Weiterbildungsmaßnahmen sichtbar. Strukturelle Probleme können jedoch von der Fachcommunity nicht gelöst werden. Dafür braucht es gesetzliche und bildungspolitische Maßnahmen.

Gruppengrößen und Sicherheitsvorschriften

Wie schon in den Ausführungen zur Fachgeschichte[1] dargestellt, bewirkt das Außerkraftsetzen von Gruppenteilungen an einigen Schulen zu große Gruppen im Technik- und Designunterricht. Trotz der Bestimmung, dass sich Gruppengrößen nach der maximal zulässigen Personenhöchstzahl der baurechtlichen Genehmigungsverfahren und den Sicherheitsbestimmungen[2] für Sonderunterrichtsräume richten, wird aus Einsparungsgründen diese Vorschrift mancherorts umgangen. Teilweise findet daher Unterricht in „normalen“ Klassenräumen und nicht in den für den Werkunterricht notwendigen Sonderunterrichtsräumen (Werkräumen) statt. Oder ganze Klassen werden in den Werkräumen unterrichtet, erhalten aber aus Sicherheitsgründen keinen adäquaten Unterricht.[3] Das

1 Siehe meinen Artikel: Vom Umgang mit der Schwerkraft der Ideen und über der Wirkmacht der Dinge (S. 14–40)

2 Sicherheitsvorschriften § 8 a SchOG Sicherheit im Unterricht. Für den Technik und Design Unterricht wurden in Zusammenarbeit mit der AUVA (Allgemeine Unfallversicherungsanstalt) ausgearbeitet und im Lehrplankommentar verlinkt.

3 Aus Mehrfachberichten der Fachcommunity

stellt ein Dilemma für Lehrer:innen dar. Einerseits sollen Lehrer:innen handlungs- und prozessorientierten Unterricht durchführen, der unter anderem Entrepreneurship-Kompetenzen ausbaut, andererseits ist mit zu hohen Schüler:innenzahlen gerade dieser Unterricht nicht möglich. Darüber hinaus ist die Sicherheit im Umgang mit Werkzeugen, Geräten und Maschinen essentiell. Die Einhaltung dieser Sicherheitsvorschriften wird bei gleichzeitiger Betreuung von ganzen Klassen jedoch ein Ding der Unmöglichkeit.[4] Als Konsequenz wird auf Unterrichtsinhalte und -formate zurückgegriffen, die mit großen Gruppen durchgeführt werden können und es müssen wichtige fachliche Inhalte vernachlässigt werden. Das verletzt die Dienstpflicht, denn der Lehrplan muss fachgerecht umgesetzt werden. Zu große Gruppen im Fach „Technik und Design" verursachen also ebenso Bildungsmangel. Der Berufsverband der österreichischen Kunst- und Werkpädagog:innen (BÖKWE) pocht zurecht auf die Einhaltung der notwendigen Sicherheitsstandards, auf eine adäquate Ausstattung der Sonderunterrichtsräume und auf Abhaltung des Unterrichts in diesen Räumen, damit qualitätsvoller Technik- und Designunterricht gewährleistet werden kann.

Digitalisierung und Ausstattung

Im Lehrplankommentar (Hackl et al., 2023) wird auf die Bezugsdisziplinen verwiesen, in denen digitale Werkzeuge für Entwurf und Planung, Produktentwicklung, Prüf- und Analyseverfahren, in der Herstellung und Präsentation von Produkten eingesetzt werden. Da „Technik und Design" starken Bezug zur Arbeitswelt hat, sollen auch im Unterricht Skills im Umgang mit digital angesteuerten Technologien, Programmieren, Coding und Robotik erworben werden. Dazu werden Beispiele genannt und eine Liste an kostenlosen Bildbearbeitungs-, Vektor-, 3D-Visualisierungs- und Coding-Programmen. Viele Schulen sind mit Computerräumen ausgestattet, die im Technik- und Designunterricht mitgenützt werden können. Idealer wäre es jedoch, wenn es mobile Ausstattungen mit Laptops oder Tablets gäbe, die direkt in den Werkräumen genutzt werden können. Für die Anschaffung von 3D-Druckern oder programmier-

4 http://www.boekwe.at/fachpolitik/

baren Stickmaschinen braucht es im Vorfeld eine intensive Schulung der Lehrer:innen, die sich mit Funktionsweise und Möglichkeiten dieser Geräte für den Unterricht vertraut machen müssen. Fortbildungen dazu und auch zu weiteren digitalen Inhalten werden immer wieder an den verschiedenen Pädagogischen Hochschulen angeboten. Was die generelle Ausstattung der Werkräume betrifft, so gibt es dazu vom Österreichischen Institut für Schul- und Sportstättenbau (ÖISS) 2022 neu herausgegebene Raum- und Ausstattungsrichtlinien[5], auf die im Kommentar ebenfalls verwiesen wird.

Es wird im Lehrplankommentar außerdem auf außerschulische Lernorte wie Happy Labs, Tech Labs und Maker Spaces verwiesen, die in den Unterricht mit einbezogen werden können. Viele von diesen Labs und Maker Spaces bieten für Schulklassen Workshops an.

Die Themenfelder in „Technik und Design" haben eine enorm große Bandbreite. Diese Bandbreite, gepaart mit der Integration von Digitalen Tools, sind einmal mehr Gründe dafür, dass Design und Technik durchgängig in der Sekundarstufe II verankert werden sollte.

Zack-Prack – Werkpackung

Im Lehrplan „Technik und Design" der Primarstufe ist explizit erwähnt, dass das reine Nachbilden und das Verwenden von fertigen Bausätzen im Unterricht ausgeschlossen ist (BMBWF, 2023a, S. 1). Für die Sekundarstufe I heißt es: *„Forschendes und prozesshaftes Lernen schließt die Verwendung von fertigen Werkpackungen und rezeptartigen Anleitungen aus. Der Einsatz von didaktischen Lern- und Forschungsmaterialien, wie zB Lernbaukästen und Experimentierkästen kann durchaus sinnvoll sein, um modellhaft Sach- und Technikzusammenhänge zu veranschaulichen"* (BMBWF, 2023b, S. 1).

Und doch wird sehr häufig auf rezeptartige Werkpackungen zurückgegriffen, was dem Bildungsauftrag im Fach „Technik und De-

5 http://www.boekwe.at/oeiss-werkraumrichtlinien-neu-endentwurf-vom-22-3-2021/
http://www.boekwe.at/wp-content/uploads/KOSTENGRUNDLAGEN-EINRICHTUNG-TECHNIK-UND-DESIGN.pdf

sign" widerspricht. Das Angebot der Versandhäuser, die Werkpackungen in Klassenstärken für unterschiedliche Schulstufen und Themenbereiche anbieten, ist enorm groß. Werkpackungen funktionieren meist schnell und die nach simplen Anleitungen erreichten Ergebnisse sind fast gleich. Eigene kreative Ideen seitens der Lehrer:innen sind nicht notwendig, seitens der Schüler:innen leider auch nicht.[6]

Neben der bequemen und schnellen Handhabung, gibt es aber auch struktur-, organisationsbedingte und finanzielle Gründe für die Verwendung von Werkpackungen.

Lehrer:innen an Mittelschulen (und neuerdings auch an AHS) können dienstrechtlich dazu verpflichtet werden „fachfremd" zu unterrichten, das heißt z. B. sie halten ohne Fachprüfung Werkstunden ab. Werkpackungen stellen für viele Lehrer:innen aus dieser Personengruppe eine große Hilfe dar. So auch für Lehrer:innen der Primarstufe, die sich nicht ausreichend genug ausgebildet sehen, angemessenen Werkunterricht abzuhalten (siehe Kapitel „Herausforderungen in der Ausbildung"). Zu große Gruppen sind ein weiterer Grund, warum auf Werkpackungen zurückgegriffen wird.

Herausforderungen in der Ausbildung

Die Primarstufenausbildung für „Technik und Design" scheint viel zu kurz zu sein. Lehrende der Pädagogischen Hochschulen in OÖ und Salzburg und Fachinspektor:innen[7] berichten, dass sich Absolvent:innen der Primarstufenausbildung sehr häufig als zu wenig kompetent wahrnehmen, in der Praxis zeitgemäßen Werkunterricht anzubieten, weil in der Ausbildung nur die allernotwendigsten Grundlagen vermittelt werden und häufig die eigene Beschäftigung mit Werken sehr lange zurückliegt. Viele Absolvent:innen hatten seit der Sekundarstufe I nichts mehr mit Werken zu tun und beschäftigen sich auch in der Freizeit nicht damit. Explizite Fortbildungen nur für die Primarstufenpädagog:innen gibt es im Bereich Werken nur punktuell. Das Angebot für Fortbildungen im Bereich

6 Z. B. https://www.winklerschulbedarf.com/de/c/u1-wp-neue-werkpackungen?back=1 abgerufen am 22.05.2023

7 Interviews vom 9.5.23, 16.5.23, 15.6.23

Werken, das für alle Schultypen offen ist, wird von dieser Personengruppe nur sehr selten in Anspruch genommen. Fortbildungen für Hauptfächer wie Mathematik und Deutsch werden als wichtiger erachtet und bevorzugt gewählt. Allgemein wird beobachtet, dass Primarstufenpädagog:innen für Fortbildungen im Bereich Werken schwer erreichbar sind. Es wäre wichtig, im Bereich Technik und Design der Primarstufenausbildung seitens des Bildungsministeriums gemeinsam mit der Fachcommunity nach Lösungen zur Verbesserung der Situation zu suchen.

Lehrer:innenmangel in Österreich

In Österreich herrscht durch die Pensionierungswelle von Lehrer:innen ein akuter Lehrer:innenmangel. Seit 2022 wird für Mangelfächer ein Quereinsteigerstudium an Pädagogischen Hochschulen angeboten. „Technisches und textiles Werken" respektive „Technik und Design" ist an Mittelschulen und AHS ein Mangelfach. Quereinsteiger:innen mit einem facheinschlägigem verwandten Studium werden angeworben. Sie benötigen eine Anstellung an einer Schule und bekommen eine verkürzte pädagogische Ausbildung.[8] Dieses Quereinsteigerstudium (wie auch der sehr häufig anzutreffende „fachfremde" Unterricht) untergräbt jedoch die reguläre Lehramtsausbildung der Sekundarstufe für „Technik und Design" mit dem 12 semestrigen facheinschlägigen Studium.

Studierende gehen zu früh in die Schule!

Der Lehrer:innenmangel macht sich bereits seit ein paar Jahren auch im Fachbereich Werken / Technik und Design bemerkbar. Erste Bachelor Absolvent:innen des Lehramts für das kombinierte Unterrichtsfach „Technisches und textiles Werken" sind seit 2020 in den Schulen im Einsatz. Das Masterstudium absolvieren diese hauptsächlich berufsbegleitend.[9] Die Mehrzahl der Studierenden steigen jedoch bereits vor Abschluss des Bachelorstudiums ins Berufsleben ein. Es ist keine Seltenheit, dass sie bereits ab dem 4. Se-

8 Z. B. https://ph-ooe.at/quereinsteiger
9 Beobachtungen der Fachgruppe OÖ und Salzburg

mester eine Anstellung an einer Schule annehmen. Die Angebote der Schulen wirken für manche Studierende verlockend und sie verpflichten sich häufig zu einem sehr hohen Stundenausmaß an der Schule. Diese Verpflichtungen machen es ihnen in der Folge jedoch schwer, das Studium konsequent fortzusetzen. Ein hohes Stundenmaß in der Schule, sowie die noch zu geringen Erfahrungen und der noch zu wenig fortgeschrittene fachliche Wissens- und Kompetenzstand führt zu Überforderung. Dazu kommt noch, dass den Studierenden nur mehr wenig Zeit für ihr Studium bleibt und die Lehrveranstaltungen unter diesen Umständen nur mehr nebenher „abgeleistet“ werden. Die Begeisterung für das Fach „geht dabei flöten“, und die Qualität des Studiums nivelliert sich nach unten, wenn nicht gegengesteuert wird. Die ohnehin bereits lange Studiendauer wird durch den frühen Einstieg in den Beruf noch weiter hinausgezögert. Bestrebungen auf Seiten der Hochschulen und Universitäten die Vereinbarkeit von Beruf und Studium zu verbessern, sind demnach zweischneidig. Einerseits muss auf die Entwicklung zwar Rücksicht genommen werden, andererseits sehen sich Hochschulen und Universitäten in der Verpflichtung, die Qualität der Lehre hochzuhalten. Eine Maßnahme zur besseren Vereinbarkeit von Beruf und Studium, ist das vermehrte Angebot von digitalen / online / hybriden Formaten in der Lehre. Im Bereich „Technik und Design“, wo der Großteil des Studiums sehr stark prozess- und handlungsorientiert aufgebaut ist und viel in Werkstätten und Studios gearbeitet wird, können solche Lehrformate allerdings nur bedingt oder gar nicht stattfinden.

Die Zusammenarbeit der Fachcommunity ist wichtiger denn je

Alle Lehrer:innen, die das Unterrichtsfach „Technik und Design“ unterrichten, sind gefordert, sich mit dem neuen Fachverständnis auseinanderzusetzen – alle Lehrenden und Studierenden an Pädagogischen Hochschulen und Universitäten ebenso. Und nicht zu vergessen die Direktor:innen der Schulen: ihnen kommt bei der Bereitstellung der gesetzlich vorgegebenen Rahmenbedingungen für adäquaten Unterricht eine wichtige Rolle zu. Fort- und Weiterbildungen, Hochschullehrgänge, Fachtagungen usw. sind Formate für den Erwerb neuer Kompetenzen und Plattformen für den Austausch über die komplexen Problematiken. Dort werden Informationen zur Verfügung gestellt, Unterstützungsstrukturen gebildet oder aufgegriffen; es findet fachlicher Diskurs statt und es wird gemeinsam ganz konkret nach möglichen Lösungswegen gesucht. Aktive Fach- und Interessensgruppen aus dem Berufsverband, aus dem Hochschul- und Universitätsbereich stellen Unterrichtsmaterialien und Handreichungen zusammen und der gesamten Community zur Verfügung. Das sind wichtige Aktivitäten, damit das neue Fachverständnis mehr und mehr verankert werden kann.

Beispiele von Fort- und Weiterbildungsaktivitäten

- Hochschullehrgang für Ergänzende Qualifikationen im Fach Technisches und Textiles Werken, 30 ECTS (z. B. seit 2019 an PH OÖ, Fortbestand dieser Weiterbildung ist fraglich)
- Fachtagungen gepaart mit Workshops (in Kooperationen mit verschiedenen Organisationen wie Hochschulen, Universitäten und Bildungsdirektionen, BOEKWE (Berufsverband Österreichischer Kunst- und Werkpädagog:innen) https://www.boekwe.at/), IMST (Innovationen machen Schulen Top, https://www.imst.ac.at/), NCOC (National Center of Competence) für kulturelle Bildung)
  - di(gi)alog 2019, http://www.boekwe.at/tagungsband-digialog-online/
  - Digital Material 2019, https://designundtechnik.kunstuni-linz.at/fachtagung-digital-material/
  - Virtuelle Bundestagung für ARGE-Leiter:innen Werken 2020, Fortbildungslehrveranstaltung LV 6620MKB002 PH Burgenland
  - Material Futures 2022, https://kunstuni-linz.at/Sustainability-in-Practice.19487+M51a58debd92.0.html
  - Material Matters 2023, https://ph-tirol.ac.at/tagung-material-matters

- Werken verschränkt – für Primarstufenpädagog:innen 2023, 2tägiges Bundesseminar für Primarstufenpädagog:innen, PH Niederösterreich
- Raum für Technik Design Vermittlung 2023, http://www.fachdidaktik.or.at/events/
- Future Skills – IMST-Tagung 2023, https://www.imst.ac.at/imsttagung2023/

Beispiele von Unterrichtsmaterialien

- Praxishandbuch „Technik.Design.Werken" 2023, https://www.technischebildung.at/materialien/praxishandbuch-technik-design-werken/
- Toolkits, https://kunstuni-linz.at/Crafting-Futures.19720.0.html

Literatur

BMBWF (2023a). *Lehrplan Technik und Design Volksschule.* https//paedagogikpaket.at

BMBWF (2023b). *Lehrplan Technik und Design Sekundarstufe 1.* https//paedagogikpaket.at

Hackl, I. M., Lausegger, E., & Thallner, A. (2023,). *Kommentar zum Lehrplan Technik und Design Schulstufe 5–8.* https://paedagogikpaket.at/component/edocman/413-kommentar-zum-lehrplan-2/download.html?Itemid=0

Timo Finkbeiner

Technik im Kontext inklusiven Unterrichts

„Man soll nicht davon ausgehen, was das Kind nicht kann, was es nicht ist, sondern davon, was es kann.“
(Wygotski, 2001, 110 f.)

Mit Technik, als immanenter Inhalt und Bestandteil von Unterricht verbindet sich in hohem Maße sowohl ein Spannungs-, als auch ein Möglichkeitsfeld. Von Bedeutung erscheint dies insbesondere vor dem Hintergrund, dass Lerngruppen im schulischen Kontext als zunehmend heterogen betrachtet werden müssen und die damit einhergehenden vielfältigen Lernausgangslagen als grundlegende Herausforderung, aber auch Chance verstanden werden können.

Eine Diskussion um die Auseinandersetzung mit Aspekten der inklusiven Pädagogik muss dabei vermehrt auch in Bezug auf technikbezogenen Unterrichts an Schulen geführt werden.

Damit verbinden sich etwa Fragen zu technischen Problemlöseprozessen von Schüler:innen vor dem Hintergrund unterschiedlicher Lernausgangslagen und damit verbundene Möglichkeiten technischen Handelns, unabhängig etwaiger Zuschreibungen wie sonderpädagogischer Förderbedarfe oder etablierter Defizitkategorien.

Der Beitrag stellt grundlegende Aspekte inklusiver Pädagogik und technikbezogenen Unterrichts zur Disposition und skizziert mit Blick auf die Unterrichtspraxis, mögliche Impulse. Ein sich daraus ergebender Diskurs, versteht sich als Anregung, das Thema sowohl vielfältig als auch spezifisch zu betrachten und mögliche Optionen für einen inklusiveren Unterricht zu entwickeln.

Inklusion und Bildung

Die Frage nach Bildung im Sinne der Inklusion ist nicht neu (siehe etwa Biewer et al., 2019, S.22; Feuser, 1995), aufgrund der damit verbundenen Herausforderungen aber aktueller denn je. Bereits in der vor annähernd 30 Jahren verfassten Salamanca-Erklärung[1], werden konkrete Forderungen einer *Bildung für Alle* aufgeworfen (UNESCO, 1994), die als tragfähiges Gerüst für grundlegende Änderungen auf dem Weg zu einer inklusiven Pädagogik und der Konzeption integrativer Schulen dienen. Als Leitprinzip dient dabei das „Recht jedes Kindes auf Bildung (...) unabhängig von den physischen, intellektuellen, sozialen, emotionalen, sprachlichen oder anderen Fähigkeiten." (1994, o. S.) Eine damit verbundene Umgestaltung fordert auch ein neues Denken, was sich in Bezug auf Unterricht, etwa in der Notwendigkeit flexibler Lehrpläne, individueller Unterstützungsmaßnahmen, einer Neuordnung bisheriger Beurteilungsverfahren, sowie der Möglichkeit für die Lernenden auch persönliche Erfahrungen machen zu dürfen, zeigt.

Für das gemeinsame Lernen von Schüler:innen an Pflichtschulen in Österreich, werden die Beschlüsse der SchOG-Novellen, die eine Integration von Kindern in der Volksschule (1993) und Sekundarstufe (1997) ermöglichen, zu einem zentralen Meilenstein, wenngleich die Sonderschulen parallel dazu weiter existieren.[2]

Grundlegende Impulse dafür, wie vieles in der mehr als 100jährigen Geschichte der Behindertenbewegung bzw. Selbstbestimmt-Leben-Bewegung, stammen dabei aus Elterninitiativen.

Als wesentlicher Ankerpunkt in jüngerer Zeit, in Bezug auf die Rechte von Menschen mit Behinderungen, kann das 2006 getroffene Übereinkommen der Behindertenrechtskonvention der Vereinten Nationen und dessen Ratifizierung in Österreich 2008[3] betrachtet werden. Jedoch zeigt bereits die Evaluierung des damit verbundenen Nationalen Aktionsplans Behinderung 2012–2020 (Biewer et al., 2020) deutlich, dass der Umsetzung der Konvention und des in Artikel 24 festgehaltenen Rechts auf Bildung nach wie vor nur unzureichend Beachtung geschenkt wird.

---

1 Angenommen von der Weltkonferenz „Pädagogik für besondere Bedürfnisse: Zugang und Qualität" in Salamanca, Spanien, 7. – 10. Juni 1994

2 Weiterführend dazu empfiehlt sich ein Blick in die Zeitleiste der *Geschichte der Behindertenbewegung*, http://bidok.uibk.ac.at/projekte/behindertenbewegung/zeitleiste.html welche über das Projekt **bidok** - **b**ehinderung **i**nklusion **dok**umentation abrufbar ist. http://bidok.uibk.ac.at/index.html

3 UN-Behindertenrechtskonvention, UN-BRK

Aktuell macht darauf auch die Behindertenanwaltschaft[4] aufmerksam, indem sie insbesondere die rechtliche Verankerung notwendiger Maßnahmen und dic Umsetzung durch die öffentliche Hand als bei weitem noch nicht gelöst betrachtet. Neben Benachteiligungen am Arbeitsmarkt wird das weiterhin segregierende Schulsystem als zentrale Herausforderung mit Blick auf Gleichstellung und Diskriminierung betrachtet.

Es zeigt sich also, dass Bestrebungen, Schule und Unterricht inklusiver werden zu lassen, den pädagogischen Alltag zwar begleiten, auf konkreter Ebene vieles jedoch noch verbesserungswürdig erscheint.

Inklusion – auch eine Frage der Didaktik?

> *„Jeder weiß, was Technik ist; und dennoch weiß es niemand.“*
> (Ropohl, 2009, S. 13)

Wenngleich wir in einer zutiefst technisierten Welt leben, die uns sowohl im Beruf als auch in der Freizeit umgibt, offenbart sich uns Technik häufig komplex und wenig verständlich. Dabei existiert weder *die Technik* noch ein vermeintlich einheitlicher Konsens, etwa aus technikwissenschaftlicher, philosophischer oder sozialwissenschaftlicher Perspektive (Grunwald, 2021, S. 19). Verstehen wir Technik jedoch als einen unmittelbaren Bereich menschlicher Kultur (Wiesmüller, 2006, S. 7), so wird dieser durch vielfältige Wahrnehmungen, Erfahrungen und Erlebnisse (Banse, 2015, S. 20) geprägt, die sowohl individuellen als auch kollektiven Vorstellungen entspringen.

Ausgehend von dem in Artikel 24 der UN-BRK fixierten Recht auf Bildung muss daher die Frage gestellt werden, inwiefern dies im Hinblick auf eine (schulische) technische Bildung eingelöst wird?

Eine Auseinandersetzung mit Technik unterstützt die Lernenden im Aufbau alltags- und lebensweltlicher Handlungskompeten-

---

4 Behindertenanwaltschaft des Bundes Bericht zur Staatenprüfung nach der UN-Behindertenrechtskonvention. Online unter: https://www.bizeps.or.at/behindertenanwaltschaft-des-bundes-veroeffentlicht-bericht-zur-staatenpruefung-nach-der-un-behindertenrechtskonvention/ (1.8.2023)

zen und eröffnet ihnen vielfältige Einblicke in technische Kulturbereiche (DGTB 2018, S. 3; Wensierski & Sigeneger 2015, S. 83).

Zwar stellen sich unterschiedliche Voraussetzungen und Vorerfahrungen der Schüler:innen vor dem Hintergrund einer *Bildung für Alle* in Sicht auf den schulischen Alltag als zunehmend „gewohnt"! dar, sie werden jedoch häufig von Vorstellungen deklarierter Defizitkategorien konterkariert – mit maßgeblichen Auswirkungen auf die Gestaltung von technikbezogenem Unterricht.[5]

So reduzieren sich technikbezogene Lerngelegenheiten häufig auf kleinschrittige Bau- und Bastelanleitungen, die das Identifizieren und Lösen technischer Problemstellungen marginalisieren und die Möglichkeit vielfältiger Lösungsvarianten durch die Schüler:innen dadurch unterbinden.

Ein technisches Handeln im schulpraktischen Alltag reduziert sich somit oftmals auf den Einsatz sogenannter Werkpackungen, oder auf Dekorationsaufgaben wie etwa die Oberflächengestaltung durch Farben und Materialien. Diese insbesondere im Bereich der Elementar- und Primarstufe häufig verorteten Aufgaben sind weder technisch-kreativ noch weitestgehend lösungsoffen.

Als mögliche Ursache dafür kann die bis dato nach wie vor wenig konsensfähige Fachdidaktik im Bereich der technischen Bildung in Österreich betrachtet werden (Hennerbichler et al., 2017, S.19), was sich insbesondere in der Ausbildung von Lehrpersonen und deren Vorstellungen von Technik zeigt.Jedoch bieten gerade Lerngelegenheiten im technikbezogenen Unterricht weitreichende Möglichkeiten, Schüler:innen darin zu unterstützen sich aktiv mit dem Lerngegenstand Technik auseinanderzusetzen, sowohl individuell als auch kooperativ, um in Prozessen der Bewertungen und Entscheidungen sowohl eigene als auch die Ideen anderer zu berücksichtigen.

5 Mit der Verwendung dieses Terminus wird auch dem Umstand Rechnung getragen, dass Technik als Bildungsinhalt einer häufig wechselnden Bezeichnung unterliegt. Im deutschsprachigen Raum etwa häufig als Technikunterricht, Werkunterricht, Technisches Gestalten, Technik & Design benannt. Technische Bildung wird zudem im anglo-amerikanischen Raum in Konstrukte wie STEM (Science, Technology, Engineering & Mathematics) oder STEAM (Science Technology Engineering/Climate Action, Arts & Mathematics) eingebettet.

Technisches Problemlösen, ein Möglichkeitsraum für alle Schüler:innen

Technische Problemstellungen und die damit einhergehenden vielfältigen Lösungsmöglichkeiten für Schüler:innen wecken vermehrt das wissenschaftliche Interesse (Mammes, & Zolg 2015; Wyss 2016), beschränken sich jedoch nahezu ausschließlich auf Lernende, ohne dezidierte Einschränkungen oder Behinderungen.

Eine mögliche Ursache dafür wird etwa, wie in einer Studie zum fächerverbindenden Unterricht gezeigt wurde (Fast, & Finkbeiner, 2019), von den Lehrpersonen in „relativ hohe[n] Ansprüchen an Kognitionen" (2019, S. 32) gesehen.

Dies hat zur Folge, dass elementare und von den Schüler:innen aufgeworfene Aspekte im Unterricht mitunter an Bedeutsamkeit verlieren.

Im Hinblick auf inklusiven Unterricht und die damit verbundene heterogene Lerngruppe erscheint es zielführend, eine Auseinandersetzung mit Problemstellungen auf vielfältige Ebenen, wie etwa Sprache und Handlungen, hinzuerweitern und den Problemlöseprozess als etwas sowohl rational-analytisches als auch intuitiv und emotionales zu betrachten (Heufler, 2012, S. 75). So ergeben sich für Schüler:innen, über das praktische Erleben hinaus, Möglichkeiten ganzheitlicher und nachhaltiger Lernwege.

Lerngelegenheiten in einem technikbezogenen Unterricht sollten daher nicht einseitig vom Denken zum Handeln hin gestaltet werden (Binder 2014, 397), sondern die Vorerfahrungen und das jeweilige Entwicklungsniveau der Lernenden berücksichtigen.

Schon bereits das Probieren (Wiesenfarth 1992, 37) kann damit als eine grundlegende und elementare technische Handlung begriffen werden, da hier den Schüler:innen die Möglichkeit eröffnet wird, im unmittelbaren Tun, unter Einbeziehung bereits gemachter Erfahrungen, wesentliche Tätigkeiten durchzuführen.

Über die Verknüpfung und Auseinandersetzung mit Themen und Inhalten der Lebenswelt (Ziefle & Jacobs, 2009), wird es möglich, ein grundlegendes Interesse für Technik zu entwickeln. Ein Unterricht, dem es gelingt, alters- und entwicklungsadäquate Erfahrungen zu ermöglichen und der dabei eine kontinuierliche Erweiterung von Wissen beachtet, gestattet letztlich allen Lernenden ein anschlussfähiges Verständnis mit und über Technik (Prenzel et al., 2009, S. 21).

Perspektiven für inklusive Lernumgebungen

Welche Aspekte können also mit Blick etwa auf die Forderungen der Salamanca-Erklärung (1994) oder der UN-BRK (2006) in die Gestaltung inklusiver technikbezogener Lernumgebungen miteinfließen?

Inklusive schulische Bildung wird häufig von der Vorstellung begleitet, entweder in hohem Maße individuelle oder durchwegs gemeinsame Angebote schaffen zu müssen. Diese jeweils mitunter kategorischen Positionen verunsichern und sind im schulischen Alltag zumeist wenig realistisch. Ausgehend den Vorstellungen von Georg Feuser, den Schüler:innen ein „Lernen am gemeinsamen Gegenstand" (1995) zu ermöglichen, können „gemeinsame Lernsituationen in inklusiven Lernsettings (...) so gestaltet sein, dass darüber gemeinsame und individuelle Lernprozesse auf unterschiedlichen Schwierigkeits- und Komplexitätsniveaus in Gang gesetzt werden können und gleichzeitig Interaktion und Kooperation innerhalb der Lerngemeinschaft sinnvoll eingebunden sind." (Sprenger & Hußmann, 2020, S. 893)

Für einen technikbezogenen Unterricht bietet dabei insbesondere die Umsetzung einer „zieldifferenten Lernumgebung" die Möglichkeit, „fachliche Ziele" zu differenzieren und somit ausgehend von einer „gemeinsamen Kernidee" (2020, S. 894) individuelle Ebenen der Schüler:innen zu berücksichtigen. Ein solches Vorgehen versteht sich dabei nicht als Verharren in den jeweiligen Leistungsniveaus, sondern forciert auf eine Reflexion der Lernenden zu „übergreifende[n] Aspekten bzw. gemeinsame[n] Kernideen" (2020, S. 895) und einem damit verbundenen Austausch.

Im Hinblick auf einen technikbezogenen Unterricht werden so technische Handlungen nicht nur als singuläre, sondern vielmehr, wie etwa im *Design Thinking* (Dekker 2021), als gemeinsame Prozesse verstanden.

> *„Cooperation in a design thinking context does not always mean that everything is a group effort. By working separately on a regular basis, everyone can contribute their own specialized subject matter expertise and unique qualities to the design process."*
> (Dekker 2021, 33)

Ein kollektives Vorgehen zeichnet sich so durch gemeinsame, aber auch durch individuelle (Teil-)Arbeitsschritte der Schüler:innen aus. Werden technische Problemstellungen dabei von Lehrpersonen im Unterricht als ganzheitliche Prozesse betrachtet, bieten sich den Lernenden Möglichkeiten und Anknüpfungspunkte, eigene Ideen und Vorstellungen in Kooperation mit anderen zu realisieren und Ergebnisse zu reflektieren. Eine Beachtung aller Aspekte, sowohl der kognitiven, als auch der handelnden und emotionalen, ist dabei von wesentlicher Bedeutung (Finkbeiner & Eibl, 2022, 2023).

Mit Blick auf die konkrete Ebene des Unterrichts erscheint es daher erforderlich, den Einsatz traditioneller Lehrmaterialien, welche vielfach (noch) nicht barrierefrei oder wenig ausreichend individualisierbar erscheinen, zu analysieren, um den beschriebenen Anforderungen an eine inklusive Lernumgebung gerecht zu werden. Hier besteht ein grundlegender Bedarf an entwicklungsorientierten (möglicherweise auch digitalen) Lernmitteln[6], die im inklusiven Setting ein Lernen für alle ermöglichen. So erscheint die Bereitstellung barrierefreier Materialien oder die Integration assistiver Technologien, die individuelle Fähigkeiten und Bedürfnisse berücksichtigen, von zentraler Bedeutung. Anknüpfungspunkte bietet etwa das *Universal Design for Learning (UDL)* (Hehir, 2009)[7], welches darauf zielt, Produkte oder Dienstleistungen unabhängig von körperlichen, sensorischen oder kognitiven Fähigkeiten zu nutzen. Die zum Einsatz kommenden Materialien, können dabei von den Lernenden verstanden und bedient werden, ohne dass umfangreiche Anleitungen oder Vorkenntnisse erforderlich sind.

Auch wenn konkrete Maßnahmen und Ideen der Umsetzung in Korrelation mit dem jeweiligen Schultyp und den damit verbundenen Gegebenheiten am Standort betrachtet werden müssen, können die hier vorgestellten Aspekte aus allgemeiner Perspektive als grundlegend und impulsgebend verstanden werden.

---

6 Hinweise auf digitale Lehrmittel finden sich derzeit etwa in zwei Lehrwerken der Schweiz, die sich u. a. an Aspekten des Designprozess orientieren: https://www.schulverlag.ch/de/produkte/werkweiser/lehrwerk/ oder Design-Studio: https://shop.lmvz.ch/de/produktgruppe/designstudio/ (4.8.2023)

7 https://udlguidelines.cast.org/

Ausblick

Aus dem im Beitrag skizzierten Spannungsfeld lässt sich erahnen, welche umfassenden, aber auch tiefgreifenden Bemühungen folgen müssen, um ein gemeinsames Lernen für alle Schüler:innen zu ermöglichen.

Die im Beitrag dargestellten Aspekte zeigen, dass individualisierte und kooperative Lernwege in Verbindung mit Möglichkeiten der praktischen Erfahrungen, Reflexionen und Bewertungen einen Weg hin zu einem inklusiven technikbezogenen Unterricht unterstützen können.

Neben damit verbundenen strukturellen Veränderungen braucht es Expertise, Innovation und den Mut diese unter Einbeziehung der Lernenden weiterzuentwickeln.[8]

Technikbezogene Bildung im Kontext inklusiver Pädagogik muss dabei mehr als Chance denn als Hürde betrachtet werden. Die Forderungen der Salamanca-Erklärung (1994), neues Denken in Bezug auf den Unterricht zuzulassen, erscheint daher aktueller denn je und sollte sowohl im Bereich von Forschung und Entwicklung als auch auf den Ebenen konkreten Unterrichts aufgenommen werden.

Es leitet sich also ein klarer Auftrag an eine Weiterentwicklung von Unterrichtsmaterialien, Lernumgebungen und Methoden ab, um den Bedürfnissen aller Lernenden gerecht zu werden. In Bezug auf technikbezogenen Unterricht kann dies insbesondere vor dem Hintergrund unterrichtsrelevanter Fragen betrachtet werden, die sich im Spannungsfeld fachdidaktischer Auffassungen und Ansprüchen inklusiver Pädagogik entfalten.

Es gilt daher Möglichkeiten auszuloten, „Gemeinsamkeit und Individualisierung nicht als gegeneinander abzuwägende Aspekte der Unterrichtsplanung" (Seitz, & Simon, 2021, S. 9) zu verstehen, sondern die im Beitrag beschriebenen inklusionspädagogischen Implikationen als grundlegende Möglichkeiten in Bezug auf technikbezogenen Unterricht aufzunehmen.

---

8 Lohnend wäre in diesem Zusammenhang etwa Ansätze partizipativer Forschung (Unger, 2014) zu berücksichtigen. Die damit verbundene Teilhabe der Akteure (ZB Lehrpersonen, oder Schüler:innen) als Co-Forscher:innen erlaubt ein tiefere Verständnis des Forschungsgegenstandes.

Literatur

Banse, G. (2015). *Technikverständnis – Eine unendliche Geschichte.* Vortr. Plenum der Leibniz-Sozietät der Wissenschaften zu Berlin, Berlin, 9. Oktober 2014. https://leibnizsozietaet.de/wpcontent/uploads/2015/06/G.Banse_.pdf

Biewer, G., Proyer, M., Kremsner, G. (2019): *Inklusive Schule und Vielfalt* (1. Auflage). Verlag: Kohlhammer.

Biewer, G., Koenig, O., Kremsner, G., Möhlen, L-K., Proyer, M., Prummer, S.,& Subasi Singh. S. (2020): Evaluierung des Nationalen Aktionsplans Behinderung 2012–2020. Bundesministerium für Soziales, Gesundheit, Pflege und Konsumentenschutz (BMSGPK),Wien

Dekker, T. (2021): *Design Thinking.* London: Routledge.

DGTB (Deutsche Gesellschaft für Technische Bildung e.V.) (2018): Anliegen und Grundzüge All- gemeiner Technischer Bildung. Grundsatzpapier Nr. 1. Online unter: https://dgtb.de/wp-content/ uploads/2018/09/Grundsatzpapier-Nr_1_04-08-2018-final.

Fast, M. & Finkbeiner, T. (2019): Technische Bildung im fächerverbindenden Unterricht der Primarstufe – Eine qualitative Untersuchung zu Interessenförderung. In *tu Zeitschrift für Technik im Unterricht*, 44:1, 26-44.

Finkbeiner, T. & Eibl, S. (2022): Perspektiven kooperativer Lernprozesse in der frühen technischen Bildung und Ihre Bedeutung im Kontext inklusiven Unterrichts. In B. Schimek, G. Kremsner, R. Grubich, F. Paudel, M. Proyer & R. Grubich-Müller (Hrsg.): *Grenzen. Gänge. Zwischen. Welten. Entwicklungen – Perspektiven – Kontroversen der Inklusionsforschung* (S. 280-286). Verlag Julius Klinkhardt.

Finkbeiner, T. & Eibl, S. (2023): Gemeinsames Handeln und Problemlösen im technikbezogenen Unterricht der Primarstufe. In M. Hoffmann, T. Hoffmann, & L. Pfahl, u. a. (Hrsg.), *Raum. Macht. Inklusion. Inklusive Räume erforschen und entwickeln. Tagungsband. 35. Jahrestagung der Inklusionsforscher*innen-Tagung 2022 in Innsbruck* (S. 265-272). Verlag Julius Klinkhardt.

Feuser, G. (1995): *Behinderte Kinder und Jugendliche zwischen Integration und Aussonderung.* Wissenschaftliche Buchgesellschaft.

Grunwald, A. (2021): Technik. In A. Grunwald, & R. Hillerbrand (Hrsg.), *Handbuch Technikethik* (2. aktualisierte und erweiterte Auflage) (S. 19–23). J. B. Metzler Verlag.

Hehir, T. (2009): Policy Foundations of Universal Design for Learning. In D. T. Gordon, J. Gravel, & L. A. Shifter (Hrsg.): *A Policy Reader in Universal Design for Learning.* Harvard Education Press.

Hennerbichler, S., Sturm, R., & Finkbeiner, T. (2017): *Praxishandbuch Grundschule für Technisches und Textiles Werken.* Graz.

Heufler, G (2012): *Design basics.* Von der Idee zum Produkt. Niggli

Hoffmann, T. (2020): Inklusive Pädagogik. In: *5 Minuten für ...*, Ausgabe Nr. 125. https://lernende-schulen.at/course/view.php?id=42

Mammes, I., & Zolg, M. (2015): Technische Aspekte. In: J. Kahlert, M. Fölling-Albers, M. Götz, A.Hartinger, S. Miller, & S. Wittkowske (Hrsg.), *Handbuch Didaktik des Sachunterrichts*, 2. aktual. u. erw. Aufl. (S. 143-149). UTB.

Prenzel. M., Reis, K. & Hasselhorn, M. (2009): Förderung der Kompetenzen von Kindern und Jugendlichen. In: J. Milberg (Hrsg.): Förderung des Nachwuchses in Technik und Naturwissenschaft: Beiträge zu den zentralen Handlungsfeldern (S. 15-60). Berlin: Springer.

Ropohl, G. (2009): *Allgemeine Technologie: eine Systemtheorie der Technik* (3. überarb. Auflage). Universitätsverlag Karlsruhe. https://doi.org/10.5445/KSP/1000011529

Seitz, S., Simon, T. (2021): Inklusive Bildung und Fachdidaktik in Grundschulen. Erkenntnisse, Reflektionen und Perspektiven. *ZfG* 14, 1–14 (2021).

Sprenger, L. & Hußmann, S. (2020): Zieldifferente Lernumgebungen als inklusive Lernsettings. In: H.-S. Siller, W. Weigel, & J.- F. Wörler (Hrsg.), *Beiträge zum Mathematikunterricht 2020* (S. 893–896). Münster: WTM-Verlag

Unger, H. (2014): *Partizipative Forschung: Einführung in die Forschungspraxis* (1. Auflage). Wiesbaden: Springer Fachmedien.

UNESCO (1994): *Die Salamanca-Erklärung und der Aktionsrahmen zur Pädagogik für besondere Bedürfnisse.* https://:.unesco.de/sites/default/files/2018-03/1994_salamanca-erklaerung.pdf

Wensierski, H. J. & Sigeneger, J. S. (2015): *Technische Bildung: Ein Pädagogisches*

Konzept für die schulische und außerschulische Kinder- und Jugendbildung. Verlag Barbara Budrich.

Wiesenfarth, G. (1992): Zum technischen Handeln als Grundbegriff einer Technikdidaktik. In: Zeitschrift für Technik im Unterricht, 66, H.4, 31-44.

Wiesmüller, C. (2006): *Schule und Technik*. Schneider Verlag.

Wygotski, Lew S. (2001): Defekt und Kompensation. In :. Jantzen (Hrsg.): *Jeder Mensch kann lernen – Perspektiven einer kulturhistorischen (Behinderten-) Pädagogik* (S. 88-108). Luchterhand.

Wyss, B. (2016): *Gestalterisch-konstruktives Problemlösen von Sechs- und Achtjährigen. Theoretische Grundlagen und empirische Studie zur Technischen Gestaltung in Kindergarten und Unterstufe.* https://opus.bibliothek.uni-augsburg.de/opus4/frontdoor/deliver/index/docId/37902/file/Wyss_Dissertation.pdf

Ziefle, M. & Jakobs, E. M. (2009): Wege zur Technikfaszination. Sozialisationsverläufe und Interventionszeitpunkte. Berlin: Springer.

Karin Gollowitsch, René Stangl

Fantastische Wesen werden zum Leben erweckt

Einblicke in das Konzept der Erfahrungswerkstätte im Studium Technische und Textile Gestaltung

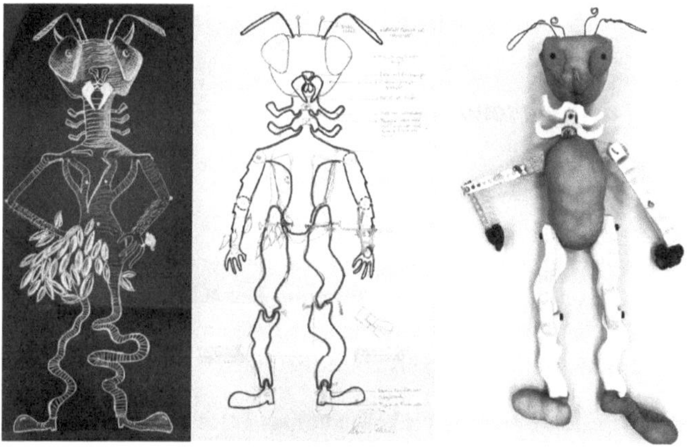

Abb.1 „Cadavre Exquis", „Funktionszeichnung", „Figurine", Lilliana Theiller (Fotos: René Stangl)

Die Lehrveranstaltung „Erfahrungswerkstätte" im ersten Semester der Sekundarstufenlehrer:innen-ausbildung für Technische und Textile Gestaltung des Verbundes Südost, abgehalten von Lehrenden der Pädagogischen Hochschule Steiermark (PHSt) verfolgt das Ziel, den Studierenden möglichst vielfältige Zugänge zu handwerklichen und maschinellen Fertigkeiten der Be- und Verarbeitung von verschiedenen Materialien und Werkstoffen zu vermitteln. Durch eine forschende, experimentelle Auseinandersetzung sollen die Studierende einerseits für Material- und Werkstoffqualitäten und deren Erscheinungsformen sensibilisiert werden, andererseits ihre eigene kreative Ausdrucksweise erweitern. Ein weiterer Aspekt ist die Auseinandersetzung mit Fehlern – wie können diese korrigiert werden, eventuell als Chance gesehen werden, sodass im Sinne der kreativen Bildung etwas Neues entstehen kann. Die vernetzte Expertise zweier Lehrender (technische/textile Inhalte) als zeitlich parallellaufenden Lehrveranstaltungen stellte einen zusätzlichen kreativen Motor der Lehrveranstaltung dar.

Die Studierenden sollen den Entwicklungs- und Herstellungsprozess durch gezielte Aufgabenstellungen für sich selbst erfahren, sodass sie mit dieser Erfahrung in der Lage sind, in ihren eigenen Unterrichtsvorhaben die Methode des problemlösenden Denkens an ihre Schüler:innen weitergeben zu können.

Ablauf der Lehrveranstaltung

1. Entwickeln

Die Idee der Lehrveranstaltung zielt auf eine Reise zur Entdeckung der eigenen Neugier am Entwickeln und Herstellen ab, die aus der spielerischen Auseinandersetzung mit Problemen und deren Lösungsansätzen, die Aufgabenstellung betreffend, entsteht.

Entwurfsphase: Entwerfen als kollaborativer Prozess

Nach einer kurzen Vorstellrunde der Gruppe sowie der Rahmenbedingungen der Lehrveranstaltung, beginnt man den gemeinsamen Fluss der Kreativphase damit in Gang zu setzen, dass die Studierenden die Aufgabe bekommen, sich ein „Hybridwesen“ zu erdenken. In einem Brainstorming-Prozess wird zunächst der Begriff „Hybrid“ in seiner Bedeutung erörtert, nach Beispielen in der Erfahrungswelt der Studierenden gesucht, werden Charakter- bzw. Wesenseigenschaften gesammelt, die sich in ihrer Vorstellung spontan manifestieren. Die Studierenden machen sich „grafische“ Notizen von unterschiedlichen Oberflächeneigenschaften auf kleinen Zetteln. Um diesen Gestaltungsprozess anzuregen, dienen unterschiedliche Materialien mit spezifischen Oberflächenstrukturen (rau, glatt, glitschig, stachelig, weich, borstig etc.) als Anregung. Diese werden von den Studierenden blind ertastet und deren haptischer Eindruck durch grafische Gestaltungselemente zu Papier gebracht.

Die Anmutung eines solchen „Hybridwesens“ wird zu einem späteren Zeitpunkt ebenso durch die Art der Bewegungsformen wie durch jene der Körperausrichtung thematisiert und festgelegt. Im Plenum tauschen die Studierenden ihre Fantasien aus, bevor sie mit einer übergreifenden Entwurfsform, dem „Le Cadavre Exquis“[1] vertraut gemacht werden. Bei dieser Methode geht es darum, auf einem gefaltetem Blatt Papier durch mehrere Personen eine Zeichnung entstehen zu lassen, ohne dass die beteiligten Personen von der jeweils vorhergehenden Zeichnung Kenntnis haben.

Die Studierenden falten dafür einen Bogen graues Naturpapier (25 x 70 cm) der Länge nach in drei annähernd gleich große Teile. Nach Fertigstellung der Zeichnung soll es wieder entfaltet werden. Es wird mit weißem Farbstift und/oder dunklem Grafitstift gezeichnet.

Vor dem Start erhalten die Studierenden Informationen zum Arbeitsvorgang, wobei folgendes zu beachten ist:

Das erste Drittel des Papiers dient der Gestaltung des Oberteils/ des Kopfteils des Wesens, das zweite Drittel dem Mittelteil samt Extremitäten, Flügeln oder Ähnlichem/ dem Korpus, und der dritte Teil dem Unterteil, Abschluss/ Schwanz oder Ähnlichem. Hier wird von den Lehrenden versucht, neutrale Begriffe zur Beschreibung der Einteilung zu finden, um die Fantasie der Studierenden möglichst offen zu halten.

Nun wird mit den Zeichnungen gemäß den individuellen Vorstellungen der Studierenden zum „Hybridwesen“ auf dem ersten Drittel des Blattes begonnen. Ist man mit der eigenen Ausführung fertig, versieht man das anschließende Drittel mit einer Fortsetzungsmarkierung, faltet die Zeichnung nach hinten, damit sie für die nächste Person nicht einsehbar ist und reicht die Arbeit im Uhrzeigersinn um zwei oder drei Personen weiter. Nun gestaltet eine andere Person das nächste Drittel (in diesem Fall den Mittelteil) nach der eigenen Vorstellung, setzt erneut Markierungspunkte, verdeckt die eigene Arbeit und reicht die Zeichnung erneut im Uhrzeigersinn weiter.

Für eine grafisch detailreiche Ausführung eines jeden Drittels steht ungefähr ein Zeitfenster von 25 Minuten zur Verfü-

1 https://www.andrebreton.fr/en/work/56600100117840 (1.8.2023)

gung. Durch den kollaborativen Gestaltungsprozess geben die Studierenden die eigene Autor:innenschaft ab und bekommen, angeknüpft an die eigene Vorstellung über das Wesen, die gezeichnete Vision mehrerer Beteiligten.

So ist nach etwas mehr als einer Stunde eine Zeichnung aus der Perspektive dreier Personen mit derselben Aufgabenstellung, jedoch unterschiedlicher Vorstellung und unterschiedlichem Zeichenstil gewachsen. Erst jetzt wird das Blatt entfaltet und ist zur Gänze einsehbar.

Der Beginn der eigenen Zeichnung wird durch die Kollaboration mit den Sitznachbar:innen als Eingriff, als Fortführung, als erhellendes Moment, wie auch als Wahlmöglichkeit erlebt – in jedem Fall wird die Engführung der aktuellen eigenen Vorstellung ausgeweitet und Momente des Entdeckens und der offenen Zusammenarbeit eingestreut. Mit der Präsentation der entstanden Arbeiten endet der erste Termin.

Im nächsten Termin wird zu Beginn die Erfahrung des kollaborativen Zeichnens im Plenum nochmals aufgenommen. Bevor das übergeordnete Thema der Lehrveranstaltung angesprochen wird, werden die Erfahrungen der Studierenden des bisherigen Kreativprozesses reflektiert, indem sie sich über Ihre Empfindungen und Erfahrungen des Entwurfsprozesses austauschen und ihren Erfahrungs- und Lernzuwachs erörtern. Oftmals sind die Studierenden überrascht, aber auch angenehm angeregt, von dem was die Gruppe als Kollektiv hervorgebracht hat.

2. Umsetzung

Hybridwesen als Figurine/ Marionette

Die Themensetzung hat zum Ziel, das erdachte „Hybridwesen" in eine Spielfigur/ Figurine/ Marionette umzusetzen, deren Spielbarkeit Teil der Aufgabenstellung ist, ihr jedoch nicht übergeordnet ist. Um den Studierenden mögliche Charaktere und deren Bewegungsmöglichkeiten vorzustellen, und sie auf die Thematik einzustimmen, werden Marionetten und Figurinen aus unterschiedlichen Kulturkreisen und Anwendungsbereichen präsentiert. Dabei wird versucht, der Einengung einer körperlichen Gerichtetheit, vornehmlich vertikal, wie der gewohnten humanoiden Körpereinteilung – „Kopf-Rumpf-Beine" – zu entgehen, indem andere Ausformungen angesprochen und aufgezeigt werden. Dazu gehört, dass der Körperaufbau nicht a priori symmetrisch sein muss.

An diesem Punkt der Aufgabenstellung werden die Bewegungsmöglichkeiten der zu entwerfenden Marionette den Studierenden anhand von Beispielen unterschiedlicher Verbindungen und Gelenksformen vorgestellt. An ihnen kann die Bewegung am Beispiel eines Modellmechanismus ohne Figur ausprobiert werden.

Es geht jedoch zusätzlich darum, eine dementsprechende Bewegung für die Charaktereigenschaften des eigenen „Hybridwesens" zu erdenken, wie zum Beispiel die Art der Bewegung eine „Fisch-Vogels" oder einer „Frosch-Raupe". Es erhebt sich weiters die Frage „Welche Bewegung ist typisch beziehungsweise impulsgebend für den erdachten Charakter meines Hybridwesens?

Übungssequenzen – Materialeigenschaften, Werkzeugkunde

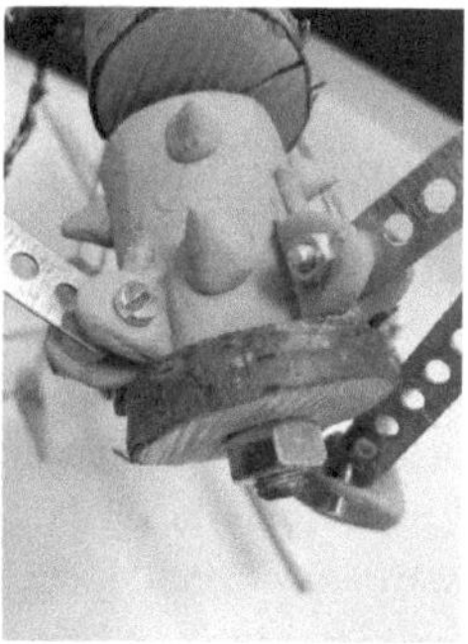

Abb.2 „Verbindung", Tobias Schneider-Lenz, „Verbindung", Ossian Gratzer
(Fotos: René Stangl)

Parallel dazu machen sich die Studierenden Gedanken zur gestalterischen Ausformulierung ihrer „Hybridwesen". Dabei sollen Fragestellungen zu Materialeinsatz und deren charakteristischem Ausdruck beantwortet werden. Hierfür ist es wichtig, sich mit unterschiedlichen Materialien und deren Bearbeitung auseinanderzusetzen.

Im Zuge der Experimentierphase werden unterschiedliche Methoden der Material- und Werkzeugerfahrung aufgezeigt. Eine weitere Möglichkeit, den Werkstoffkreislauf zu thematisieren, bietet sich dadurch an, Upcycling als einen Schwerpunkt in die Themenstellung miteinzubeziehen. Ausgehend von leeren Verpackungen wie auch ausgebauten mechanischen Komponenten wird aufgezeigt, wie diese als Körperteile genutzt werden können. So können die Studierenden sich in einer Tradition des Weiterentwickelns im Sinne des Forschens wiederfinden. Es wird in komprimierter Form das Verständnis dafür geschaffen, ob und wie Ideen, die zu Beginn gezeichnet wurden, materialisiert werden könnten.

Um den Studierenden eine Vielzahl an Erfahrungen in jeglicher Hinsicht zu ermöglichen, werden in den folgenden Einheiten Werkstofferprobungen in einem stark komprimierten Prozess des „geführten Lernens“ in Form von praktischen Übungen durchgeführt. Hierbei geht es darum, Basisfähigkeiten und -fertigkeiten in den unterschiedlichen Technologien zu erwerben.

Am Beginn dieses Abschnittes finden die Sicherheitseinschulung auf den benötigten Maschinen sowie die Werkstofferprobungen statt. Hier spannt sich der Bogen von bereits bekannten Werkstoffen wie Holz, Metall, Stoffe, diverse Fadenmaterialien über Ton, Papier und Karton hin zu noch unbekannteren Werkstoffen wie Halbzeuge verschiedenster Materialien oder elektronischer Bauteile.

In kleinen Übungen ohne Werkstückbezug werden in abgeschlossenen Sequenzen mit entsprechenden Werkstoffen Werkzeug- und Materialkunde vermittelt. In diesem Zusammenhang werden Möglichkeiten des Werkzeuggebrauchs im Schulalltag aufgezeigt. Einzelne Sequenzen wie jene der Werkzeugkunde oder die Übungen am Werkstoff bieten sich für einen direkten Transfer in den Schulalltag an. Die Ergebnisse aus den Übungen sind so gestaltet, dass sie als Musterstücke für den eigenen Unterricht herangezogen werden können.

Der praktischen Erfahrung folgt eine neue Art des „Werkstoffdenkens“. Um Eigenschaften und Bearbeitungsmöglichkeiten z. B. textil verarbeitbarer Werkstoffe zu erfahren, sollen die Studierenden Namenskarten mithilfe unterschiedlichster Materialien (Baumwolle, Leinen, Wolle, Draht, Bast, Plastik, u. Ä.) und fadenverstärkender Techniken wie Knüpfen, Knoten, Häkeln, Wickeln gestalten. Dabei werden Erfahrungen hinsichtlich unterschiedlich herzustellender Oberflächenstrukturen und deren Ausdruck in Hinsicht auf das Hybridwesen gesammelt. Des Weiteren kann im Bereich des Trennens, Zerlegens und Neuzusammenfügens das Upcycling von Alttextilien thematisiert werden, indem ausgediente T-Shirts in ein Endlosband zerschnitten und durch Verstricken zu etwas Neuem zusammengefügt wird. Die hier gemachten Erfahrungen finden direkten Einfluss in den Herstellungsprozess der Marionette.

Abb.3 „Namenskarte“, Studentinnenarbeit (Foto: Karin Gollowitsch)

3. Herstellungsprozess

In dieser Phase der Lehrveranstaltung beginnen die Studierenden ihre gewonnenen Erkenntnisse hinsichtlich Materialbearbeitung, Materialeigenschaften und Materialcharakter in die individuelle Planung und Gestaltung des Hybridwesens miteinzubeziehen. Durch die erworbenen Kenntnisse und Erfahrungen kommen erste Gespräche über individuelle Lösungsansätze zustande, deren Erkenntnisse in Folge in den Funktionszeichnungen umgesetzt werden.

Funktionszeichnung: Orientierungshilfe für die Umsetzung

Nach den anfänglichen Übungen rund um die Bewegungsmechanismen und Werkstofferkundungen halten die Studierenden ihre Umsetzungsideen des Hybridwesens hinsichtlich Materialien und Technologien, dem Bewegungsmechanismus, wie auch der Gelenksverbindungen in Form einer Funktionszeichnung planerisch fest. Dies kann als eine Art „Denken mit dem Bleistift" bezüglich unterschiedlicher Problemlösungen verstanden werden. Es gilt dabei, die unterschiedlichen Werkstoffangebote in Formgebung und Gelenksverbindungen sowie die Erfahrungen aus den Übungen zu berücksichtigen und einzuplanen.

Im Anschluss an die Funktionszeichnung werden prototypische Bewegungsmechanismen und außergewöhnliche Materialexperimente auf deren Umsetzbarkeit überprüft. Etwaige Erkenntnisse werden in die Funktionszeichnung wieder eingearbeitet. Die Aufgabe der Funktionszeichnung ist es, die Gelenksverbindungen und Bewegungsmechanismen für Außenstehende im Sinn eines Planes sichtbar zu machen. Bei ihrer Ausführung steht nicht die Frage der formalen Richtigkeit einer Plandarstellung sowie die maßgetreue Abbildung im Vordergrund, an dieser Stelle sollen den Studierenden unterschiedliche Abstufungen und der Nutzen des Entwerfens mit den Mitteln der Skizze, nachfolgend der Funktionszeichnung sowie deren Abgrenzung zum Plan im Hinblick auf den Schulalltag vermittelt werden. Hierbei geht es darum, das Bewusstsein für den adäquaten Einsatz in der Schulpraxis zu schärfen.

4. Individuelle Umsetzungsphase: Ausführung des Hybridwesens

In dieser Phase realisieren die Studierenden ihre Ideen nach ihren Funktionszeichnungen mit den dafür ausgewählten Materialien und Herstellungstechniken. Dabei kann es immer wieder zu nicht vorhersehbaren Problemen kommen. In solchen Situationen muss von Seiten der Lehrpersonen spontan, fallweise unvorbereitet, also ad hoc, auf die aufgetauchten Problemstellungen reagiert werden. In diesem Fall können die Studierenden die Lehrpersonen beobachten, wie diese nach einer Lösung suchen – sie erleben quasi den Prozess des Problemlösens live mit. Es wird gemeinsam über das Problem nachgedacht. Dieses gemeinsame Tüfteln und Suchen nach Lösungen, der Erfahrungsaustausch in der Gruppe bringen alle wechselseitig weiter und lässt das Potenzial an Erfahrungen mit den unterschiedlichsten Materialien und Werkzeugen wachsen. Dies ist eine wesentliche Voraussetzung für zukünftige Lehrpersonen, um in ihrem späteren Arbeitsfeld ebenfalls spontan auf Fragen von Seiten der Schüler und Schülerinnen reagieren zu können und diese bei der Umsetzung ihrer Ideen individuell unterstützen zu können.

Trotz genauer Planung im Vorfeld bedarf jeder Bearbeitungsschritt eines Werkstoffes einer Prüfung, indem folgende Fragen über seine Beschaffenheit gestellt werden: Ist der Werkstoff für diese Form der Bearbeitung: a) zu dünn b) zu spröde c) zu scharfkantig d) zu weich etc.? Denn aufgrund der unterschiedlichen Ausformung der Hybridwesen werden Materialien teilweise experimentell ein- bzw. zusammengesetzt und benötigen daher eine etwas andere Bearbeitung bzw. Behandlung als in tradierten Kontexten. So wie etwa im folgenden Beispiel, wo in eine Holzleiste, die sich in einem mit Watte ausgestopften Strumpfhosenkopf befindet, ein kleines Loch gebohrt werden musste, um eine Ringschraube einzusetzen. Hier ergab sich folgendes Problem: Die Strumpfhose hat sich beim Bohrvorgang um den Bohrer gewickelt und wurde dabei zerstört. Um das entstandene Problem zu lösen, musste vor der Weiterarbeit folgendes geklärt werden:

- Wie kann das Problem für die zweite erforderliche Bohrung gelöst werden, sodass die Strumpfhose heil bleibt?
- Wie kann die zerstörte Strumpfhose repariert werden?

In diesem Fall wurden die aufgetretenen Probleme mit den Studierenden im Einzelgespräch gelöst, die gewonnenen Erfahrungen jedoch in der abschließenden Reflexionsrunde der gesamten Gruppe vermittelt. Das Loch in der Strumpfhose wurde durch Flicken/Überarbeitung durch Nähen gestopft, beim zweiten Bohrvorgang wurde im Team gearbeitet, wobei eine Person, die Strumpfhose und das Füllmaterial zur Seite schob und mit den Händen fixierte, damit nur das Stück Holz mit dem Bohrer in Berührung kam. Bei einem weiteren Problem half das Vorwissen eines Studierenden. Hier kam ein aus Keramik geformtes Körperteil des Hybridwesens zu Bruch und konnte nicht mehr neu hergestellt werden, da die Zeit dafür nicht mehr ausreichte. Auf die Frage im Plenum, ob jemand eine Lösung weiß, verwies der Studierende auf einen spezifischen Steinkleber, mit dessen Hilfe schon des Öfteren zerbrochene Keramiken repariert werden konnten.

Mit diesen Beispielen soll aufgezeigt werden, dass in der Lehrveranstaltung das Mit- und Voneinander Lernen, das gemeinsame

Suchen nach Antworten, das Austauschen von Wissen über Materialien und den Einsatz von Werkzeugen, wie auch das Lernen durch Fehler ein wesentlicher Inhalt ist. Während der Lehrveranstaltung gibt es immer wieder Besprechungsschleifen, die zu Beginn oder am Ende angesiedelt sind. Diese Kurzbesprechungen finden im Plenum statt und dienen dazu, den Zwischenstand der Arbeiten zu präsentieren und ein Feedback zu bekommen.

Damit verfolgt man ein wesentliches Ziel der Lehrveranstaltungen, die Studierenden hinsichtlich ihres Lernweges zu begleiten. Lösungswege zu suchen und zu finden, steht auch im Zusammenhang mit der Selbsteinschätzung eines/einer jeden Studierenden (Selbstwirksamkeitserfahrung stärken).

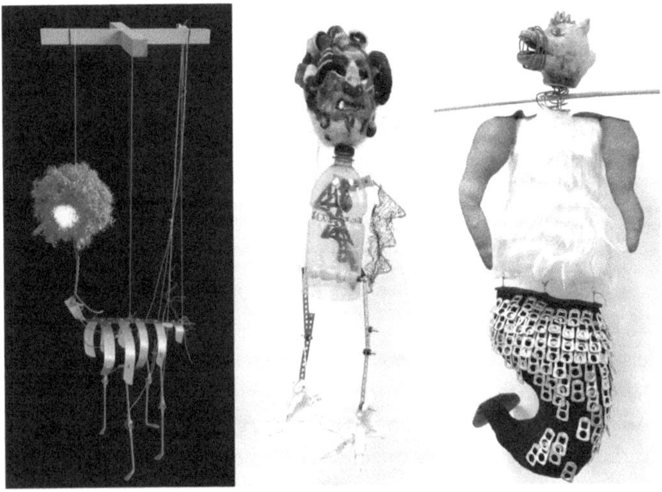

Abb.4 „Marionette", Anna Suschnigg, „Marionette", Fabian Oswald, „Figurine", Laura Pirschner (Fotos: René Stangl)

5. Ausarbeitung des Spielkreuzes für die Marionette

Hier ist zu Beginn zu erwähnen, dass aufgrund der zeitlichen Ressourcen (2 Semesterwochenstunden) dieser Aspekt der Marionette nicht in ihrem vollen Umfang ausgearbeitet werden konnte. Es könnte auch die gesamte Aufgabenstellung unter der Annahme, dass die Figurine nicht wie Marionetten gespielt werden soll, ohne

Spielkreuz auskommen. Bei Verwendung eines solchen ist es jedoch sinnvoll, sich die Eigenschaften der gewünschten Bewegung zu Beginn genau zu überlegen. Es wäre von Vorteil, die Bewegungen in einem Video mehrmals zu Studienzwecken zu betrachten, um danach zu entscheiden, wieviel von der Bewegungscharakteristik umgesetzt werden soll.

Die vorher erwähnte Beobachtung der Bewegung enthüllt, wo die Schnur am Körperteil angreifen soll, damit das Körperteil im gewünschten Maße bedient werden kann. Dabei ist zu berücksichtigen, dass für die Spielbarkeit z B. der „untere Teil oder Fuß" mehr Gewicht besitzen muss als beispielweise der „Oberschenkel", damit sich dieser durch das Eigengewicht von selbst wieder absenkt.

Eine mögliche Vereinfachung, die zeitliche Ressourcen schont, betrifft die kreuzförmige Verbindung der beiden Holzprofile des Spielkreuzes. Wenn diese mit Gummibändern verbunden werden, kann ebenfalls eine Hebe- und Senkbewegung stattfinden. Das Spielkreuz bleibt zudem einfach demontierbar. Dies gilt des Gleichen für die Fadenverbindungen zwischen Marionette und Spielkreuz. Aus der Erfahrung stellt es sich als Vorteil heraus, wenn die Fäden für die Lagerung sowie den Transport aus dem Spielkreuz entfernt werden können. Das lässt sich leicht durch Kugeln am Ende der Schnur bewerkstelligen.

Bei diesen Ausführungen sind individuelle Lösungen gefragt und es bedarf komplexer Überlegungen, um das Hybridwesen bespielbar zu machen.

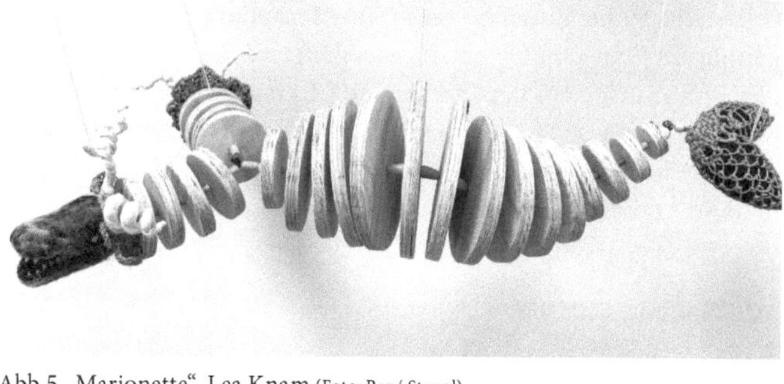

Abb.5 „Marionette", Lea Knam (Foto: René Stangl)

6. Reflektieren

Die Reflexion dient einerseits der Selbsterfahrung in Bezug auf den eigenen Schaffensprozess andererseits auch dem Nachdenken über einen möglichen Transfer des Gelernten in ein späteres Unterrichtsvorhaben. Sie dient der Versprachlichung von eigenen Wissensbeständen, dem Transfer von eigenem Wissen auf andere Problemstellungen und dem Lernen von anderen Lösungsansätzen.

Resümee mit Überlegungen zum Transfer in die Schulpraxis

Die gesamte Lehrveranstaltung der Erfahrungswerkstätte setzt sich aus einzelnen Modulen zusammen:

1. Einführung/ Entwurfsphase
2. Werkstofferprobungen/ Einführung in die Material- und Werkzeugkunde
3. Funktionszeichnung
4. Ausführung der Figuren
5. Herstellung des Spielkreuzes
6. Reflexionsrunden

Die Gewichtung der Module liegt bei den Lehrenden und kann demnach der beabsichtigten Schwerpunktsetzung angepasst werden. Diese Form der Unterrichtsplanung lässt sich äquivalent auf die Schulpraxis übertragen. Es wäre denkbar, einzelne Module auszulassen, wie z.B. die Herstellung des Spielkreuzes, oder diese inhaltlich bereits früher durchzuführen. Die Herstellung einer Marionette könnte am Ende eines Schuljahres stehen und die bereits gewonnenen Erfahrungen bei der Planung und Herstellung anderer Aufgabenstellungen hinsichtlich Werkzeugkunde / Entwerfen-Skizzieren / Verbindungsmöglichkeiten und Technologie- und Materialeinsatz in diese Arbeit einfließen.

Schlussbemerkungen

Aus Sicht der Lehrperson konnten wir feststellen, dass der Zeitpunkt, wie und wann die Module im Ablauf der Lehrveranstaltung eingebracht werden, wesentlich für das Zusammenfließen von Vorstellung und Umsetzung des „Hybridwesens" in Form einer Marionette für unserer Studierenden war.

Im Fall der Werkstofferprobungen konnten wir erkennen, dass diese, wenn sie an den Beginn der Lehrveranstaltung gestellt werden, den Studierenden mehr Gestaltungsspielraum eröffnen, da sie noch unbeschwerter auf Materialien reagieren. So nehmen sie sich wesentlich mehr Zeit für Lösungsvarianten in allen Bereichen der Umsetzung. Das resultiert daraus, dass der Prozess der Ideenfindung noch offen ist, der Schritt von der Fertigstellung des Entwurfes bis zur Funktionszeichnung sich daher kürzer gestaltet. Diese Arbeit kann teilweise auch zuhause erfolgen bzw. passiert oft intuitiv, wenn man an die Stufen des Kreativitätsprozesses denkt. Die Ausführung der Figur sollte jedoch größtenteils vor Ort im „Präsenz-Zeitrahmen" der Lehrveranstaltung stattfinden. Denn wie im Vorfeld schon erwähnt, kann bei auftretenden Problemen schneller reagiert werden und das gesamte Spektrum an Wissen und Fertigkeiten aller Personen kann genutzt werden. Dies ermöglicht ein stressfreieres Arbeiten und bringt fundiertere Lösungen mit sich.

Abschließend kann über die Lehrveranstaltung Folgendes gesagt werden:

Mit der hier vorgestellten „Erfahrungswerkstätte" verfolgten wir das Ziel, ein für den neuen Lehrplan prototypisches Unterrichtsvorhaben auszuarbeiten und durchzuführen.

Beide „traditionellen" Fachbereiche (TEC und TEX) können den Kompetenzen der handelnden Lehrpersonen entsprechend vermittelt werden und der Umfang der Aufgabenstellung kann an die Vorkenntnisse der Studierenden und vorhandene Ressourcen in den Werkstätten angepasst werden. Unter der Betrachtung, dass Lernen nicht ausschließlich produkt-, sondern auch prozessorientiert sein soll, können Teilkompetenzen als eine für sich abgeschlossene Aufgabenstellung betrachtet werden, die zu einem späteren Zeitpunkt in die Gesamtaufgabenstellung eingebracht werden kann. Es ist möglich, die Aufgabenstellung auf einige wenige Aspekte der hier angesprochenen Gesamtaufgabe zu reduzieren, sodass diese altersgruppenspezifisch und zeitlich angepasst als Unterrichtsvorhaben durchgeführt werden kann.

Christina Adorjan, Elisabeth Lehner

Der Kaffeelöffel im Schneidplotter?

Schablonieren und Elektroätzen von Edelstahl

Fächer- und disziplinübergreifendes Arbeiten im Unterricht ist nirgends so präsent wie im Unterrichtsfach „Technik und Design". Physik, Mathematik, Chemie und technisches Zeichnen sind stets dabei, wenn wir werken. So ist es nicht verwunderlich, dass es ganze Bewegungen gibt, die sich mit der Vernetzung verschiedener Techniken und Technologien in Gemeinschaften zusammenschließen, um sich gegenseitig zu unterstützen und zu ergänzen. Die Maker-Bewegung steht nicht nur für das gemeinsame Sammeln von Anwendungen für Technologie, sondern auch für vernetztes Arbeiten in einer Gemeinschaft.

Als **Makerspace** wird häufig eine Werkstatt bezeichnet, in welcher neben traditionellen Werkzeugen und Techniken auch digitale Herstellungstechnologien verwendet werden können. Digitale Herstellungsgeräte können zum Beispiel 3D-Drucker, Lasercutter, Stickmaschinen oder Vinylcutter/Schneidplotter sein.

Wichtig ist aber eine **Maker-Philosophie**, welche an gemeinnützigen Wertehaltungen orientiert ist. Makerspaces sind Orte, an denen nicht nur Werkzeuge und Geräte geteilt werden, sondern auch Wissen, Kompetenzen, Ressourcen und Lernerfolge. Miteinander arbeiten und lernen steht im Mittelpunkt.

Makerspace-Unterricht und Tinkering

Der Unterricht im Makerspace verbindet digitale Herstellungstechnologien, Naturwissenschaften und traditionelles Handwerk mit den Werten der Maker-Philosophie. Experimente und kreative Lösungsfindung stehen im Vordergrund, die Arbeit mit digitalen Herstellungstechnologien ist dazu eine Ergänzung oder Erweiterung.

Making als Unterrichtsmethode nennt sich Tinkering, was so viel bedeutet wie „Tüfteln" und Grundlagen/Regeln für forschendes Lernen in Makerspaces definiert. Colleen und Aaron Graves beschreiben im Buch „The Big Book of Maker Space Projects" das Ziel von Maker:innen als Lernen um zu Tinkern und Tinkern um zu Lernen. Für die Arbeit im Makerspace und auch in der Schule gelten folgende Grundsätze:

Abschauen ist erlaubt
- Wir lernen von und mit anderen.
- Wir teilen Wissen gemeinschaftlich.
- Wir bauen auf vorhandenem Wissen und Kenntnissen auf.

Fehler machen ist erwünscht.
- Wir lösen Probleme (gemeinsam).
- Wir entdecken durch Fehler unterschiedliche Zugänge und Ansätze zur Herstellung unserer Projekte.
- Wir lernen aus Fehlern.

Neues ausprobieren ist erwünscht
- Wir fordern uns selbst heraus.
- Wir probieren regelmäßig etwas Neues aus.
- Wir gehen kreativ mit Wissen und Material um.

Community aufbauen
- Wir schöpfen aus der Gemeinschaft (Wissen, Inspiration, Probleme gemeinsam lösen).
- Wir geben in die Gemeinschaft zurück (Anleitungen und Problemlöseansätze).
- Wir zeigen anderen, wie man Dinge herstellt (Techniken und Technologien vermitteln).
- Wir arbeiten zusammen und inspirieren einander gegenseitig (Fähigkeiten ergänzen und teilen).

Ein gutes Maker-Projekt bietet die Möglichkeit zu Innovation, Kreativität und Einzigartigkeit, ermöglicht spielerisches Lernen durch Ausprobieren und verfügt über ausreichend Anweisungen, um sich Basiskenntnisse, Lernwege und Ergebnisse selbst zu erarbeiten.

Wo ist Makerspace-Unterricht im Lehrplan verankert?

Im Lehrplan der Volksschule finden wir in allen zentralen fachlichen Konzepten (Produkt und Produktion, Mensch und Umwelt und Lebens- und Arbeitswelt) zahlreiche Ansatzpunkte für Tinkering und Making. Forschende Experimente, Erprobung von Materialität und das kreative Gestalten sind zentrale Bestandteile. Das Kompetenzmodell beinhaltet Kompetenzbereiche, die sich am Designprozess orientieren (Entwickeln, Herstellen und Reflektieren), welche unter anderem die Erkundung von Werkstoffen, das Ausprobieren, Erlernen und Üben verschiedener Verfahren sowie das Ziehen von Schlüssen aus Reflexionen beinhalten. Diese Kompetenzen können alle mit Tinkering bzw. Unterricht im Makerspace unterstützt und ausgebildet werden.

Makerspace-Unterricht lässt sich in den Lehrplänen der Sekundarstufe I in die zentralen fachlichen Konzepte (Produkt und Produktion, Mensch und Umwelt, Lebens- und Arbeitswelt) einordnen, umfasst also alle Unterkategorien des Fachs sowie die bereits oben genannten Kompetenzen des Kompetenzmodells, welches auf Basis des Lehrplans für die Primarstufe nun fortgesetzt wird. Aufgabenstellungen naturwissenschaftlich-technischer Fächer sind ebenso Teil der Arbeit in einem Makerspace, wie die ökonomische und ökologische Auswahl von Material. Das Kapitel „Didaktische Grundsätze (1. bis 4. Klasse)“ des Lehrplans erwähnt sogar explizit die Nutzung von 3D-Druckern, Lasercuttern, Robotik und Stickmaschinen unter dem Unterpunkt „Maschinen und Geräte“.

Das Praxishandbuch „Technik.**D**esign.**We**rken“ enthält zahlreiche Projekte, welche ebenfalls aus dem Bereich Making und Tinkering stammen.

Ist Making und Tinkering nur für Werken geeignet?

Auch wenn das Fach „Technik und Design“ die offensichtlichste Wahl für Maker-Unterricht ist, ist es bei Weitem nicht das einzige Fach, das von den Techniken und der Didaktik profitiert. Naheliegende Fächer wie Informatik, Kunst und Gestaltung, Physik und Chemie beinhalten ebenfalls viele Anknüpfungspunkte zum Makerspace. Darüber hinaus finden sich auch Ansätze, die in den Unterrichtsfächern wie Ethik oder wirtschaftlichen Fächern ihren Platz finden können.

Der Werksaal/Die Ausstattung

In der Schule kann eine laborartige, experimentelle Werkstatt auf unterschiedliche Art und Weise gestaltet werden. Wichtig ist die Zugänglichkeit von Werkzeugen, Material und Know How (Bücher, Nachschlagewerke, Projektdatenbank, ...) für die Schüler:innen, damit Sicherheit ebenso gewährleistet werden kann, wie eigenständiges Arbeiten. Ergänzend dazu unterstützt das Setzen von Regeln und Ritualen sowie ein gutes Ordnungssystem den Unterricht im Makerspace und sorgt für eine gute Arbeitsatmosphäre.

Die Verfügbarkeit von Geräten, welche für digitale Herstellungsverfahren herangezogen werden, steht nicht im Vordergrund, ergänzt den Makerspace-Unterricht jedoch optimal und vermittelt den Schüler:innen Kenntnisse der digitalen Gestaltung von Produkten. Sofern die Schule keine Möglichkeit für eine derartige Ausstattung hat, können die Vorlagen und Baupläne an der Schule digital vorbereitet werden und dann an einem Makerspace oder in einem Fablab in der Nähe fertiggestellt oder in Auftrag gegeben werden.

Beispiel: Schablonieren und Elektroätzen von Edelstahl

Schablonieren und Elektroätzen von Edelstahl ist eine der zahlreichen Möglichkeiten, sofort Making in den Unterricht einfließen zu lassen. Es werden keine teuren Geräte oder Materialien dafür benötigt und Ergebnisse werden sofort effektvoll sichtbar.

Diese Anleitung beschreibt die Vorgehensweise mit dem Schneidplotter, aber Cuttermesser oder Scheren sowie Isolierband können ebenfalls herangezogen werden, sofern kein Gerät zur Verfügung steht.

Abb.1 Edelstahlrohlinge, schabloniert und geätzt
(Foto: Christina Adorjan, Elisabeth Lehner)

Kurzbeschreibung:

Schablonen werden in Silhouette Studio[1] erstellt und aus Klebefolie mit dem Schneidplotter geschnitten. Die Schablonen werden auf polierten Edelstahl (z.B. Kaffeelöffel) geklebt und von den frei gebliebenen Bereichen wird mittels Salzwasser und 9V Block elektrochemisch Material abgetragen.

Schulstufe: Volksschule und Sekundarstufe I, Dauer: 2-4 UE

Geräte/Werkzeuge, Software, Material:

- Schneidplotter: *Silhouette Cameo 4*
- Silhouette Studio
- Klebefolie für den Schneidplotter (Vinylfolie, Bucheinbindefolie)
- Polierter Edelstahl z.B. Besteck, Anhängerrohlinge
- Salz (NaCl), Glas mit Wasser, einige Wattestäbchen
- 9V Blockbatterie, 2 Krokoklemmen mit Kabel
- weiches Stofftuch zum Reinigen

1 Silhouette Studio ist ein kostenloses Grafikdesign-Programm, mit dem man Formen erstellen kann, um sie an eine kompatible Maschine zu senden und schneiden zu können. https://sihoutte-studio.de.softonic.com/

Arbeitsanleitung

Zum Arbeiten mit dem Schneidplotter bzw. Silhouette Studio eignen sich schwarz-weiß Grafiken aufgrund des guten Kontrastes am besten – z.B. Fotos von Handzeichnungen mit Pigmentstiften, Icons, ... Grafiken in Silhouette Studio öffnen und die Größe nicht verändern.

Vektorisieren der Pixelgrafik

In Silhoutte Studio rechts in der Menüleiste die ***Seiteneinstellungen*** wählen und die entsprechende Schneidmatte und Foliengröße angeben (12x12 in, A4, quer, Schneidrand anzeigen lassen).

Dann mit dem ***Nachzeichnen***-Werkzeug aus der rechten Menüleiste mit ***Bereich zum Nachzeichnen auswählen***, einen Rahmen um das Motiv zeichnen. Alles was jetzt gelb wird, ist dann Teil des Motivs.

Danach weiter unten im Nachzeichenmenü ***Nachzeichnen*** auswählen. Nach etwas Rechenzeit erscheint das Motiv rot umrandet. Jetzt kann die ursprüngliche Grafik entfernt werden (Grafik anklicken, wegziehen und entf-Taste drücken).

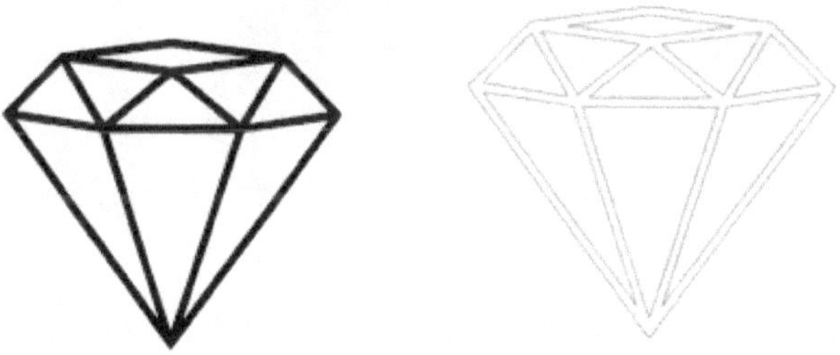

Abb.2 Aus Pixelgrafik wird Vektorgrafik
(Abb.: Christina Adorjan, Elisabeth Lehner)

Schablone erstellen

Aus dem Motiv soll eine Klebeschablone entstehen – alles was nicht Motiv ist muss beim Ätzen abgedeckt werden! Dazu wird um das Motiv zuerst der äußere Rand der Schablone gezeichnet – er sollte den Ätzbereich großzügig abdecken.

Dann alles in die gewünschte Position und Größe bringen und gruppieren.

Das ***Modifizieren*** Werkzeug öffnen und ***Erstellen*** anklicken:

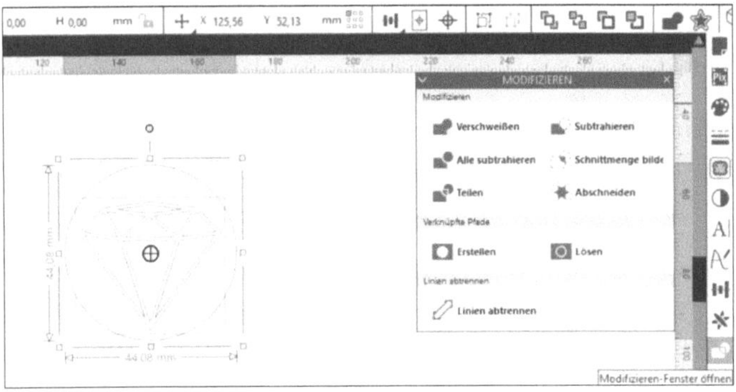

Abb. 3 Verknüpfte Pfade erstellen (Abb.: Christina Adorjan, Elisabeth Lehner)

Das ***Füllfarben-Werkzeug*** hilft bei der Kontrolle des Motivs:

Abb. 4: Die schwarze Füllung zeigt, was nachher abgedeckt werden soll. (Abb., Foto: Christina Adorjan, Elisabeth Lehner)

Das ergibt hier dünne, gravierte Linien auf glänzendem Grund (Vorteil: Es muss weniger Fläche geätzt werden.) Für das gleiche Motiv gibt es aber noch weitere Optionen, welche beispielsweise in den kostenlosen Onlinekursen des EduMakerSpace Favoriten vorgestellt werden, die am Ende des Beitrages vorgestellt werden.

Schneiden mit Silhouette Cameo 4

Vor dem Schneiden, das Motiv in die linke, obere Ecke des Schneidbereiches setzen und dann in der oberen Menüleiste ganz rechts Senden auswählen.

Beim *Cameo 4* Schneidplotter den Deckel öffnen und das automatische Messer in die Halterung Nr. 1 einsetzen. Den Schneidplotter einschalten und warten bis Silhouette Studio verbunden hat.

Die vorbereitete Klebefolie an der linken, oberen Ecke mit der Papierseite nach unten auf die (StandardGrip) Matte legen, die Matte an der Markierung anlegen und mit Pfeil nach oben in den *Cameo 4* laden lassen.

Beim **Material** „Vinylfolie, glänzend" wählen und eventuell die Werte nach Herstellerangaben anpassen (kann je nach Gerät und Messerzustand variieren – Testschnitt machen!). Dann unten auf **Senden** klicken.

Übertragen der Folie

Sobald der Plotter fertig ist, kann die Schneidmatte wieder entladen werden – mit der nach unten zeigenden Pfeiltaste. Dann die Folie vorsichtig von der Matte heben – Spatel hilft – und „jäten" (Motiv-Teile mit einer Nadel entfernen – hier hilft ein am Tisch, mit der klebrigen Seite nach oben, befestigtes Klebeband die entfernten Folienstückchen zu halten.)

Danach mit einem oder mehreren Streifen nicht allzu klebrigem Malerkrepp (ein paar Mal auf ein Stück Stoff kleben hilft) die Schablone abheben und auf das Metall übertragen. Malerkrepp vorsichtig abziehen.

Abb.5 „Jäten" und Übertragen der Schablone (Fotos: C. Adorjan, E.Lehner)

Elektroätzen

Für eine gute Lüftung sorgen, oder im Abzug oder im Freien arbeiten. Das Werkstück auf eine wasserfeste Unterlage (z.B. Joghurtdeckel) legen und den Arbeitsbereich vorbereiten:

Mehrere Wattestäbchen, Tuch zum Reinigen, Salz, Wasserglas, Kroko-Klemmen und 9V Block werden benötigt.

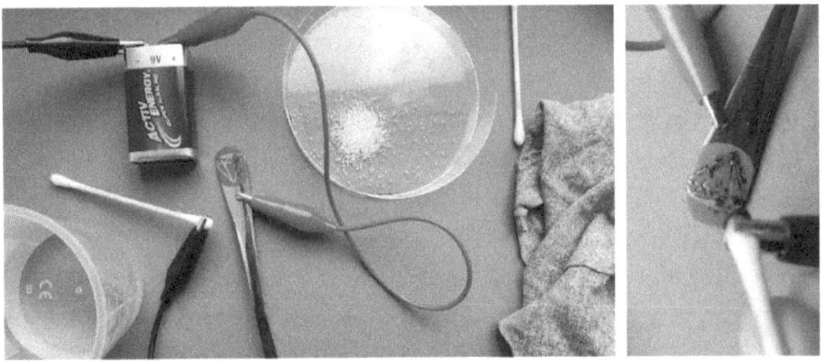

Abb.6 Elektroätzen (Fotos: Christina Adorjan, Elisabeth Lehner)

Das Wattestäbchen nass machen und ein paar Salzkristalle aufnehmen. Den Minuspol des 9V-Blocks und die nasse Wattestäbchenseite durch Krokoklemmen verbinden. Den Pluspol mit dem Werkstück verbinden.

Zum Ätzen wird das nasse, salzige Wattestäbchen auf das Metall gedrückt – eine heftige Reaktion wird sichtbar: Wasserstoff entsteht und blubbert, winzige Mengen Chlor entstehen aus dem Salz und ermöglichen das Ätzen des Edelstahles.

Nachdem das ganze Motiv so (mehrmals) behandelt wurde, werden die Krokoklemmen entfernt und die entstandene Salzsuspension abgewischt. Dann wird die Klebefolie entfernt und das Motiv als matte Vertiefung sichtbar.

Abb.7 Ergebnis (Foto: Christina Adorjan, Elisabeth Lehner)

Häufigste Schüler:innenfehler

- Wattestäbchen am falschen Ende kontaktiert: Krokoklemme soll ans nasse Ende, sehr nahe an der Metalloberfläche
- Pole falsch angeschlossen: Edelstahlrohling soll auf plus, Wattestäbchen auf minus
- Wattestäbchen zu trocken oder zu voll mit Fällungsprodukten: nass machen oder neues Wattestäbchen verwenden
- Salz vergessen
- Batterie leer (sehr selten)
- zu kurz an einer Stelle: an jedem Punkt langsam bis 10 zählen, mehrfach anwenden

Die Chemie dahinter oder was Metalle so „wollen"

Unedle Metalle sind unter normalen Bedingungen eigentlich nicht stabil, d.h. sie „wollen" keine Metalle bleiben, sondern Oxide bilden oder andere Verbindungen eingehen. Daher gibt es immer eine sehr dünne Schicht aus Oxiden an der Metalloberfläche. Wenn diese Schicht sehr dicht ist, kann sie das Metall vor dem Luftsauerstoff schützen. Auch „rostfreier" Stahl oder Edelstahl hat so eine Schutzschicht. Er enthält, wie jeder Stahl neben Eisen, auch noch weitere Elemente, unter anderem Chrom, welches die Schutzschicht an der Oberfläche besonders dicht macht. Die in Wasser gelösten Chloridionen (Cl-) aus dem gewöhnlichen Speisesalz (NaCl) sind aber so klein, dass sie durch „Poren“ dieser Schutzschicht durchkommen.

Das setzt die Korrosion (das Rosten) in Gang: Eisen löst sich auf und reagiert mit Hydroxidionen (OH-) im Wasser, wobei unlösliche Eisenhydroxide (Rost) entstehen und die Chloridionen wieder freigesetzt werden, wodurch sie wiederum weiter das Rosten beschleunigen können.

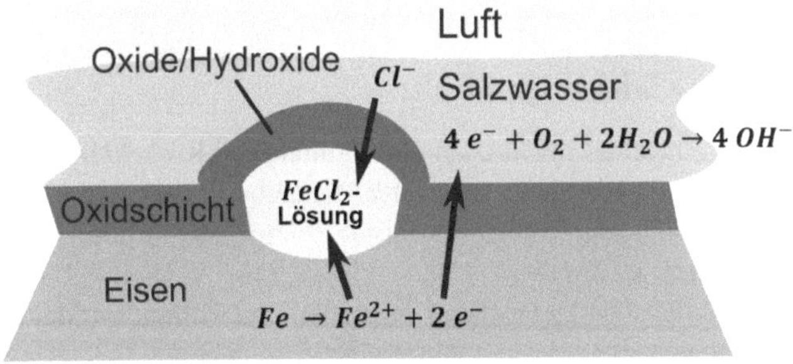

Abb.8 Korrosion von Edelstahl in Salzwasser (Abb.: Christina Adorjan, Elisabeth Lehner)

„Rosten“ durch 9V Spannung verstärken

Diese Art der Korrosion läuft in Salzwasser auch ohne Stromzufuhr langsam ab und führt zu typischen „Lochfraß“ Schäden. Die angelegte Spannung beschleunigt den Vorgang erheblich – vereinfacht formuliert:

- Durch die Elektrolyse des Wassers entstehen weitere Hydroxidionen, die mit Eisenionen zu schlecht löslichen Eisenhydroxiden reagieren und dadurch die Chloridionen noch schneller wieder freisetzen können.
- Durch den elektrischen Strom (=gerichtete Bewegung von Elektronen) werden dem Eisen lokal (in der Lösung unter dem Wattestäbchen) Elektronen entzogen – Eisenionen entstehen schneller und lösen sich im Wasser.

EduMakerSpace Favoriten

Dieses und viele weitere Unterrichtskonzepte wurden im Rahmen des Projekts EduMakerSpace Favoriten erstellt, welches von Jänner 2020 bis August 2023 in Wien stattfand. Das von der AK Wien unterstützte Projekt beschäftigte sich mit der Implementierung von Makerspaces an Schulen durch die Anschaffung von Geräten sowie die Schulung und Vernetzung von Lehrpersonen. (Unter http://edumakerspace.fll.wien können die Aktivitäten und Materialien nachgelesen werden.)

Im Rahmen des Projekts wurden kostenlose öffentliche Onlinekurse erarbeitet, die Lehrpersonen dabei unterstützen sollen, Makerspace Unterricht in ihren eigenen Unterricht zu implementieren.

Basiskurs EduMakerSpace im CHANGE!

Der Kurs ist als offener Kurs zur Vermittlung der Basiskenntnisse für den Umgang mit Makerspace-Technologie und -Didaktik im Unterricht konzipiert und vermittelt Basiskenntnisse zu Makerspace-Didaktik und Maker-Technologien für den Unterricht. Anhand von Unterrichtsbeispielen, welche sofort im eigenen Unterricht ausprobiert werden können, können sich Lehrende einfach und schnell notwendiges Wissen aneignen und sich austauschen.

Der Kurs ist unter bit.ly/BasiskursEduMakerSpace erreichbar.

EduMakerToolbox

Die EduMakerToolbox bietet Teilnehmer:innen verschiedenste anwendbare Lernszenarien für den Makerspace an der Schule. Der Kurs wurde als Erweiterung des Online Basiskurs EduMakerSpace im CHANGE! erstellt und beinhaltet weitere Unterrichtskonzepte und Methoden, welche sofort im Unterricht umgesetzt werden können. Hier haben Teilnehmende die Möglichkeit, ihre Erfahrungen zu teilen und sich auszutauschen.

Der Kurs ist unter https://bit.ly/EduMakerToolbox erreichbar.

Literatur

Graves, Colleen & Aaron (2017): The Big Book of Makerspace Projects. McGraw Hill TAB

Libow Martinez, Sylvia (2013): Invent to Learn. Torrance, California: Constructing Modern Knowledge Press

Wilkinson, Karen, Mike Petrich (2014): The Art of Tinkering: Meet 150+ Makers Working at the Intersection of Art, Science & Technology. Weldon Owen

Dorothea Erharter

Die Robo4earth

Ein didaktisches Konzept zur Verbesserung der Welt

Abb.1 Maja mit Nina (Alle Abbildungen: ZIMD)

Mädchen für Technik begeistern – geht das?

Für uns, das Team vom ZIMD[1], ist diese Frage falsch gestellt. Wir tun es seit vielen Jahren mit nachhaltigen Erfolgen. Unsere Erfahrungen mit Gender-Didaktik in Mädchen-Workshops sind in die Entwicklung der Robo4earth eingeflossen, eines pädagogischen Roboters mit Holzgehäuse.

---

1 Das ZIMD, das Zentrum für Interaktion, Medien & soziale Diversität, bearbeitet Projekte im Bereich der technologischen Forschung und Technologievermittlung mit Gender- und Selbstkompetenz und unterstützt verwandte Initiativen. Siehe: https://www.zimd.at/das-zimd

Abb.2 Robo4earth-Illustration

Gleich vorweg: Kaufen kann man die Robo4earth nicht. Man kann sie sich aber bauen. Alle dafür erforderlichen Unterlagen stehen auf der Website www.robo4earth.at zur Verfügung.

Unser didaktisches Konzept verknüpft die Robotik mit den Sustainable Development Goals der UNO, den „SDGs". In diesem Artikel geht es darum, wie die Robo4earth in der Schule eingesetzt werden kann: In den unteren Schulstufen (4. bis 6.) zur Motivation und als Einstieg in Technik, Design und Programmieren; in den oberen Schulstufen für kreative Aufgaben mit Sensoren und Aktoren, in denen ebenfalls Technik, Design und Programmieren verknüpft werden.

Mit der Robo4earth und unserem didaktischen Konzept sollen *auch* Mädchen zu einer Technik-Karriere motiviert werden.

Kinder und Jugendliche sollen lernen, dass sie die Technologien, die uns zunehmend umgeben, aktiv mitgestalten können. Sie sollen gegenüber Technik von einer Konsumhaltung in eine produzierende Haltung gebracht werden. Sie sollen zu mündigen, verantwortungsbewussten Erwachsenen werden, die verstehen, dass Ökologie und Ressourceneffizienz, Chancengleichheit und Diversität sowie andere gesellschaftspolitisch relevante Fragen in ihren Händen und Köpfen liegen.

... und die Buben?

Unsere Konzepte zielen nie nur auf die Mädchen ab. Gute genderdidaktische Konzepte erreichen sowohl Mädchen als auch Buben besser; weil wir einige Prinzipien verwenden, die alle MINT-Inhalte anschlussfähiger machen für alle. Die wichtigsten seien gleich hier genannt:

- Sinn stiften!
- Kontext first!

Abb. 3 Sassi

Robo4earth im Workshop und in der Schule

Das ZIMD führt mit Robo4earth Workshops für die 5. Schulstufe durch. Ob und wie viele Workshops wir anbieten können, hängt immer von der – sehr wechselhaften – Finanzierungssituation ab; das ZIMD hat keine Basisfinanzierung. Wenn wir Workshops durchführen können, schicken wir einen Newsletter aus. (Anmeldung per Mail an workshops@zimd.at).

Unter dem Titel „RoboSDG“ haben wir Unterrichtseinheiten entwickelt, mit denen den Schüler:innen zum einen die SDGs nähergebracht werden können, zum anderen aber auch Themen, wie „Was ist Technik, was sind Roboter?“ bis hin zu Robo-Design-Thinking (siehe Kap. „Das didaktische Konzept RoboSDG“). Lehrkräften soll die Vermittlung der Inhalte so einfach wie möglich gemacht werden. Wir haben die Unterrichtsmaterialien daher möglichst übersichtlich gestaltet, sodass damit mindestens vier (eher 6 bis 10) Unterrichtsstunden ohne sehr viel Zusatzaufwand gestaltet werden können.

Im Vorfeld unserer Robo4earth-Workshops sind diese Unterrichtseinheiten verpflichtend durchzuführen, da die Workshops dann erheblich mehr Wirksamkeit entfalten. Wir hoffen aber, dass die Unterrichtseinheiten auch darüber hinaus eingesetzt werden. Idealerweise werden auch die Pädagog:innen zu einer vertiefenden und fächerübergreifenden Auseinandersetzung mit den SDGs inspiriert.

Unser Ziel ist, dass auch die Inhalte unserer Robo4earth-Workshops von den Pädagog:innen in der Schule selbst durchgeführt werden. Wir haben daher auch einen Leitfaden für diesen „Robo4earth-Workshop“ entwickelt und hoffen, dass er von vielen Lehrkräften genutzt wird.

Genderdidaktik, Robotik und die SDGs

Mädchen interessieren sich dann für Technik, wenn sie darin einen Sinn erkennen; und einen Sinn erkennen Sie dann, wenn Sie Probleme damit lösen können, die sie selber auch als Probleme sehen. Welternährung, Klimawandel sind dafür gute Beispiele. Auch Buben/Burschen werden so besser motiviert und allfällige destruktive Impulse in konstruktive Bahnen gelenkt.

Die Sustainable Development Goals (SDGs) der Vereinten Nationen sind ein Cluster der großen Probleme, vor denen die Welt heute steht. Sie eignen sich ganz besonders gut, um Schüler:innen zu vermitteln, dass Technologiebildung Sinn stiften kann. Indem man also die „SDGs“ in die Technologiebildung integriert, hat man mehrere sich ergänzende Effekte:

- Man erreicht Mädchen damit sehr viel besser.
- Die technischen Interessen von Buben/Burschen werden in konstruktive Bahnen gelenkt.

- Man lehrt Kindern, dass Technologieentwicklung sich an Problemen orientieren muss und nicht an Problemstellungen. Das nehmen die Kinder dann mit in ihr Erwachsenenleben, und einige von ihnen werden später die Forschung in diese Richtung beeinflussen

Die Sustainable Development Goals (SDGs) der UNO ist in Workshops also ein wichtiges genderdidaktisches Instrument.

Warum Roboter?

Roboterwirken lebendig, wie ein Tier oder eine Puppe. Deshalb begeistern sie Mädchen besonders gut und sind besonders anschlussfähig. In unseren Workshops bauen Schüler:innen die Roboter selbst, die sie danach durchs Programmieren „zum Leben erwecken". Dies fördert eine hohe Identifikation.

Hands-On

In unseren Workshops und mit unseren Arbeitsmaterialien arbeiten wir viel mit „Hands-On". Zum funktionierten Lernen am besten über Tun; und etwas bauen, zeichnen oder programmieren – also machen – ist die intensivste Form von Tun. Zum anderen werden

Abb.4 Roboter-Garage

Abb.5 Eisbären retten

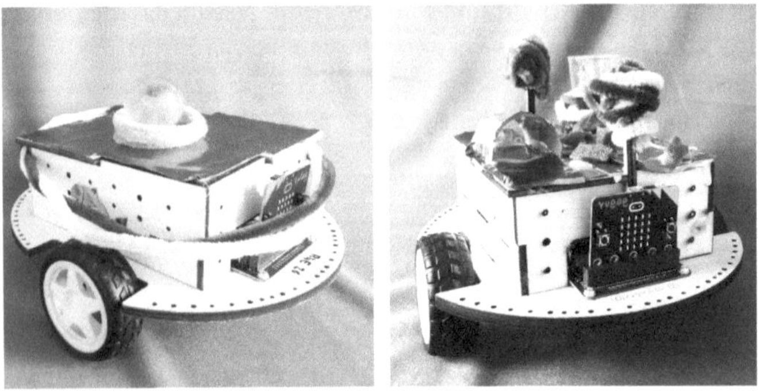

Abb.6 Galerie

durch das Verwenden der Hände die beiden Gehirnhälften stärker verknüpft und die Schüler:innen kommen in einen kreativen Flow. Und letztlich dient auch „Hands-On“ neben anderen Elementen, wie Präsentationen, Fotos/Videos oder Individualisierung der Roboter dem Verankern des Erfolgs.

Die Robo4earth – ein Roboter mit Holzgehäuse

Die Robo4earth ist ein vom ZIMD entwickelter Roboter mit Holz-Gehäuse, an den sehr leicht und vielfältig angebaut werden kann. Die Robo4earth basiert auf vorhandenen Technologien, insbesondere BBC Microbit 2.0, und kann daher von jederfrau nachgebaut werden. Die Programmierung erfolgt über eine von uns entwickelte, sehr einfach bedienbare Software: www.robo4earth.at.

Unser didaktisches Konzept verbindet Robotik mit den Sustainable Development Goals (SDGs) der Vereinten Nationen; wir nennen sie „Menschheitsziele", da dieser Begriff bei Kindern anschlussfähiger ist.

Dass unser Konzept funktioniert, zeigen die 650 Roboter-Erfindungen, die Schüler:innen im Sommersemester 2022 gebaut und programmiert haben. Unter www.robo4earth.at/bilder kann man sich davon ein Bild machen und sieht dort auch, was die Roboter zu den Sustainable Development Goals beitragen.

Die Robo4earth selber bauen

Die Robo4earth ist nicht käuflich erhältlich, sie kann aber nach unseren Anleitungen gebaut werden. Sie besteht aus einer Karosserie mit Motoren, einem Motorboard, einer Akkuhalterung und einem BBC Microbit. Darauf wird – rein mit Steckverbindungen und Keilen – das Gehäuse montiert. Sowohl Gehäuse als auch Karosserie bestehen aus Sperrholz (4 mm bzw. 6 mm) und können mit einem Lasercutter produziert werden. An das Gehäuse kann drangebaut werden, so dass jede:r Schüler:in ihren/seinen eigenen Roboter erfinden und bauen kann.

Es gibt weiters auch eine „Take-Away-Karosserie"; diese ersetzt die technisch bestückte Karosserie. Das ermöglicht, dass alle Schüler:innen „ihre" Roboter-Erfindungen mit nach Hause nehmen können. Die technischen Karosserien können in der Schule bleiben und für andere Klassen weiterverwendet werden.

Für den Zusammenbau der technischen Karosserie sind Lötkenntnisse erforderlich. Ein befreundeter Werklehrer, den wir als „Testperson" eingesetzt haben, ist der Meinung, dass die technische Karosserie mit der 7. und 8. Schulstufe produziert werden kann.

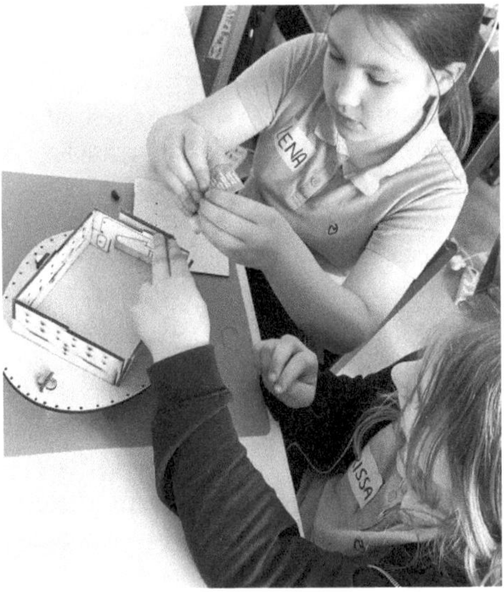

Abb.7 Robo4earth-kleben

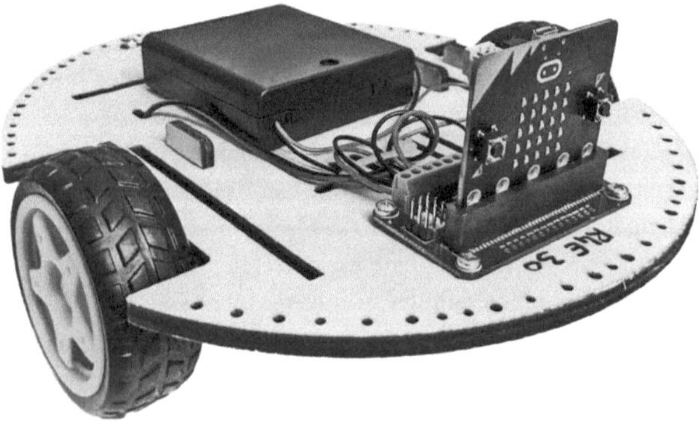

Abb.8 Robo4earth-Karosserie

Der Zusammenbau des Gehäuses ist erheblich einfacher und kann schon mit der 4., jedenfalls ab der 5. Schulstufe angegangen werden. Allerdings müssen die Teile gut zusammengeklebt werden, da man sie dann ja zwischen technischer – und Take-Away-Karosserie umstecken muss. Dazu empfehlen wir Uhu Hart.

Unter https://www.robo4earth.at/bauen.html stellen wir Folgendes zur Verfügung:

- Bestellliste (technische Teile)
- Lasercut-Dateien
- Bauanleitung Fahrgestell
- Bauanleitung Gehäuse/Takeaway
- Videoanleitung Gehäuse Kleben

Programmierung der Robo4earth

Die Robo4earth kann mit der von uns entwickelten webbasierten App programmiert werden. Diese bietet einen sehr niederschwelligen Einstieg ins Programmieren. Die Robo4earth-App basiert – wie beispielsweise auch Scratch und MakeCode – auf Blockly. Daher kann man dann relativ intuitiv auch auf andere jugendorientierte Programmierumgebungen umsteigen.

Da die App webbasiert ist, benötigt man während der Programmierung einen Internetzugang. Die Übertragung von der App zur Robo4earth erfolgt via Bluetooth, und zwar befehlsweise; das ermöglicht, dass die Robo4earths während des Experimentierens nicht immer wieder an den Computer oder das Tablet angeschlossen werden müssen.

(Erläuterungen zur Programmierung finden sich unter https://www.robo4earth.at/programmieren-app.html.)

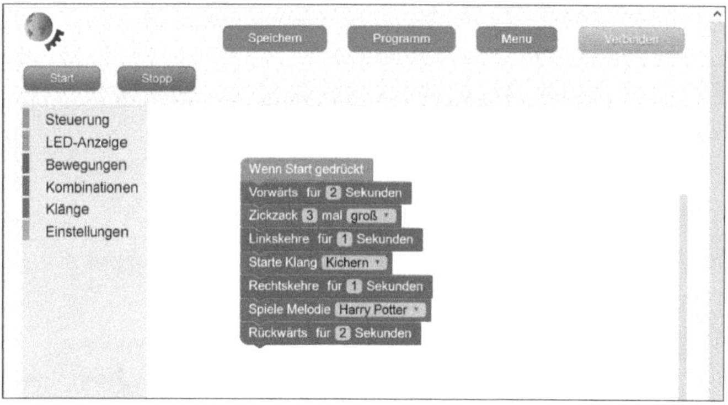

Abb.9 Robo4earth-App

MakeCode-Extension

Derzeit entwickeln wir Beispiele, wie die Robo4earth mit MakeCode – der Programmiersprache des BBC Microbit – programmiert werden kann. Wir haben dafür eine MakeCode-Erweiterung entwickelt. Das ermöglicht erheblich mehr Aufgabenstellungen, da mit verschiedenen weiteren Aktoren und Sensoren gearbeitet werden kann. Hier erfolgt die Übertragung von Tablet/Computer zur Robo4earth dann klassisch mit USB-Kabel.

Diese Aufgabenstellungen sind geeignet für die 8. bis 13. Schulstufe. Die Anleitungen dazu finden sich unter https://www.robo4earth.at/tutorials.html. Diese Beispiele werden laufend ergänzt. PDFs stellen wir für diese Beispiele nicht zur Verfügung, da wir davon ausgehen, dass die Schüler:innen für die Aufgaben Tablets oder Computer zur Verfügung haben.

Das didaktische Konzept RoboSDG

RoboSDG ist das didaktische Konzept zur Robo4earth. Wir haben eine Reihe von Unterrichtsmaterialien entwickelt, die, aufeinander aufbauend, die Schüler:innen an die Beschäftigung mit der Robo4earth heranführen.

Die folgende Tafel zeigt den Aufbau dieser Unterrichtseinheiten.

Thema 1	**Die Menschheitsziele (SDGs)** – 50 min *Vorbereitung: Plakat bestellen beim Forum Umweltbildung.*
Thema 2	**Roboter und Menschheitsziele** – 50 min
Thema 3	**Robo Design Thinking** – 2 mal 50 min, ideal in einer Doppelstunde *Vorbereitung:* *Die Schüler*innen sollen technische Gegenstände von zuhause mitnehmen.*
Thema 4	**Robo4earth Workshop** – 5 Std. *Vorbereitung: Die Schüler*innen sollen Wertstoffe ("Bastel-Müll") von zuhause mitnehmen.*
Extra	**Der Junge, der den Wind einfing** – 5 Std. Vorschlag für ein Alternativprogramm der Schule mit dem anderen Teil der Klasse.

Abb.10 Aufbau der Unterrichtseinheiten

- Thema 1 – die Menschheitsziele – bietet eine erste Annäherung an die SDGs über konkrete Fragen zu relevanten Themen. Es geht um Gedankenaustausch, um das Erfassen des in der Gruppe vorhandenen Vorwissens, darum, sich auf eine gemeinsame Präsentationsform und auf die zu präsentierenden Ergebnisse zu einigen.
- In Thema 2 – Roboter und Menschheitsziele – setzen sich die Schüler:innen mit den Auswirkungen von Technik auseinander, entwickeln ein erstes Verständnis von komplexen Zusammenhängen hinsichtlich der SDGs und fragen sich, was die Menschheit erreichen will und welche Mittel es dazu gibt.
- In Thema 3 – Robo Design Thinking – beschäftigen sich die Schüler:innen mit den Begriffen „Technik“ und „Roboter“, reflektieren, was Roboter bewirken können (und was nicht), designen selbst einen Roboter zur Verbesserung der Welt; überlegen, welche technischen Teile dafür benötigt werden und welches Aussehen sie ihm geben wollen. Sie erfahren, wie viele unterschiedliche Fähigkeiten benötigt werden, um Roboter zu entwickeln. (Das ist auch deshalb wichtig, damit die Schüler:innen nicht glauben, sie könnten im Workshop einen fertigen Staubsaugerroboter bauen.)
- Thema 4 ist dann einem halbtägigen Robo4earth-Workshop gewidmet. In diesem bauen die Schüler:innen den zuvor designten Roboter, idealerweise mit „Bastelmüll“, also Wertstoffen. Sie erfinden in Zweierteams Geschichten im Rahmen der SDGs; sie programmieren diese Geschichten und präsentieren sie.

Dieser Teil wurde bislang vom ZIMD durchgeführt, kann aber auch selbständig in der Schule stattfinden. Benötigt werden dazu bereits fertige – technische – Karosserien sowie Take-Away-Teile und Gehäuse (siehe oben).

Da der Roboterworkshop von uns nur mit halben Klassen monoedukativ durchgeführt wird, schlagen wir als Alternativprogramm vor, mit der anderen Gruppe einen Workshop auf Basis des Films „Der Junge, der den Wind einfing“ durchzuführen.

Die Unterrichtsmaterialien können heruntergeladen werden unter: www.robosdg.at/#downloads

Abb.11: Meer

Was mache ich mit welcher Schulstufe

Die Unterrichtseinheiten aus dem RoboSDG-Konzept orientieren sich an der 5. Schulstufe. Sie sind aber so handlungsoffen, dass sie auch in deutlich höheren Schulstufen sowie zumindest in der 4. Schulstufe mit geringfügigen Adaptionen sinnvoll angewendet werden können.[2]

Für den Bau des Fahrgestells (Elektronik) sind Lötkenntnisse und eine gewisse Feinmotorik erforderlich. Normalerweise sollte der Bau mit der 8. Schulstufe bewerkstelligt werden können.

Der „Robo4earth-Workshop", also der Bogen von den SDGs über Entwurf, Bau, Programmierung und Präsentation der selbst erfundenen Robo4earth ist in allen Schulstufen ab der 4. Schulstufe möglich.

2 Ein Beispiel: Das Plakat „Zwischenstopp 2030" des Forum Umweltbildung ist für die 4.-13. Schulstufe gedacht. Dafür gibt es zahlreiche unterschiedliche Aufgabenstellungen. Für unsere Anwendung haben wir die einfachste davon genommen und sogar von einer Lehrkraft einen noch weiter vereinfachenden Vorschlag bekommen. In den höheren Stufen können in der Diskussion andere Fragen auf andere Weise diskutiert werden.

Ab 8. Schulstufe

Wenn die Schule also noch keine Robo4earth besitzt, empfiehlt es sich, zunächst in einer der höheren Klassen (ab 8. Schulstufe) eine Anzahl Fahrgestelle zu bauen, und dies mit den RoboSDG-Unterrichtsmaterialien in einen Kontext zu stellen. Sobald die Fahrgestelle produziert sind, ist es sinnvoll, mit der Klasse in der Schule einen „Robo4earth-Workshop" durchzuführen; dieser kann auf mehrere Unterrichtseinheiten verteilt stattfinden.

- Robo4earth Fahrgestelle produzieren,
- parallel dazu RoboSDG-Unterrichtseinheiten durchführen,
- wenn beides abgeschlossen: Robo4earth-Workshop durchführen.

Die Roboter-Erfindungen werden danach auf die Take-Away-Gehäuse umgesteckt. (Rechtzeitig darauf achten, dass das nachher noch möglich ist.) Dadurch können die Schüler:innen ihre Roboter-Erfindungen mit nach Hause nehmen, die Fahrgestelle mit der Elektronik bleiben in der Schule und sind für andere Klassen einsetzbar. Schüler:innen, die zuhause auch gerne eine Robo4earth haben wollen, sind danach in der Lage, sich selbst eine zu bauen.

Ab 4. Schulstufe

Sobald die Schule Robo4earth Fahrgestelle besitzt, können diese dann in anderen Klassen eingesetzt werden. Der Ablauf ist dann Folgender:

- RoboSDG-Unterrichtseinheiten durchführen,
- Robo4earth-Workshop durchführen.

Warum eigentlich die 5. Schulstufe?

Unsere Evaluationen haben deutlich gezeigt: Ab der 6. Schulstufe können sich Mädchen nach einem Workshop nur mehr halb so häufig vorstellen, Technikerin zu werden, als in der 5. Schulstufe. Dies entspricht auch unseren Erfahrungen. Sobald Mädchen in die Pubertät kommen, sind sie sehr mit ihrem Rollenbild beschäftigt. Wenn sie in diesem Alter noch nicht (technisches) Feuer gefangen haben, ist für die meisten Mädchen Technik später nicht mehr kompatibel mit weiblichen Rollenbildern. Sie finden die technischen Inhalte dann zwar vielleicht trotzdem toll, identifizieren sich aber nicht mehr damit. Wir haben uns bei der Entwicklung des didaktischen Konzepts daher an der 5. Schulstufe orientiert.

Die Robo4earth macht dennoch auch den anderen Schüler:innen (auch Buben/Burschen) und den meisten Erwachsenen großen Spaß.

Genderdidaktische Grundprinzipien

Sowohl in den Unterrichtsmaterialien, die die Lehrkräfte bekommen, als auch in den Seminaren an den Pädagogischen Hochschulen, vermitteln wir die aus unserer Sicht wichtigsten gender-didaktischen Prinzipien:

- „Kontext first!" Immer zuerst erklären, woher etwas kommt, in welchem Zusammenhang es gesehen werden muss, wofür etwas gut ist, bevor man sich ans „Wie" macht. Damit gewinnt man das Interesse der Schüler:innen.
- „Sinn stiften." Damit gewinnt man insbesonders auch die Mädchen und kann darüber hinaus einen Hintergrund für die Reflexion von Technik bieten.
- Role Models sind wichtig. Das ist nicht neu, kann aber gar nicht oft genug betont werden.

Darüber hinaus haben wir eine Gender-Didaktik-Checklist entwickelt, die wir ebenfalls gerne zur Verfügung stellen.

Weiterbildungsmöglichkeiten

Das ZIMD hält an Pädagogischen Hochschulen und bei anderen Institiutionen Seminarreihen zu mehreren Schwerpunkten ab:

- Mit Blick auf die Zukunft – (auch) Mädchen für MINT begeistern (8 UE): Lehrer:innen bekommen konkretes Know-How, wie sie insbesondere Mädchen der verschiedenen Schulstufen mehr für MINT-Fächer interessieren können. Sie konzipieren im Seminar funktionierende genderdidaktische Konzepte für ihre eigene Lehrtätigkeit.
- RoboSDG – Roboter entwickeln, um die Welt zu retten (8 UE): Lehrer:innen bekommen konkretes Know-How, wie sie mittels dem Roboter Robo4earth und den „SDGs" Schüler:innen für

Technologieentwicklung begeistern. Sie sind in der Lage, Schüler:innen von einer konsumierenden in eine produzierende Technikhaltung zu bringen und ihnen zu vermitteln, dass sie die Welt, in der wir leben, mitgestalten können.

- Robo4earth – vom Bausatz zum Roboter (5 UE): Lehrer:innen bauen die Karosserie einer Robo4earth zusammen. Jede:r Teilnehmer:in erhält eine Robo4earth.
- Robo4earth mit Makecode programmieren (4 UE): Übersicht über die Programmierung der Robo4earth mit MakeCode, Javascript und Python, sowie Einsatz von Sensoren.

Nähere Informationen und alle aktuellen Termine sind unter www.roboSDG.at/#seminare. Zu finden. Unter dieser Adresse können auch Institutionen, Vereine etc. ihr Interesse anmelden.

Das ZIMD

Das ZIMD hat 16 Jahre Erfahrung in der genderdidaktischen Durchführung von Robotik-Workshops um Mädchen für Technik und Informatik zu begeistern. Unsere Erfolge können sich sehen lassen:

- Am TGM, der größten HTL Wiens und einer der größten Schulen Europas, konnte der Anteil der weiblichen Bewerberinnen in der Informatik-Abteilung verdreifacht werden – drei Jahre, nachdem die Mädchen einen unserer halbtägigen Roberta-Workshops im TGM besucht hatten. Der Leiter dieser Abteilung führt dies auf unsere Workshops zurück.
- 2021 haben wir, ebenfalls durch einen Abteilungsleiter einer HTL erfahren, dass an allen Wiener HTLs der Mädchenanteil steigt. Dieser Abteilungsleiter führt das ebenfalls auf unsere Workshops zurück.
- Eine Schule im Waldviertel, an der eine Zeit lang fast alle Mädchen zwei halbtägige Robotik-Workshops in der 4. und 6. Schulstufe hatten, hat ein paar Jahre später mit der 8. Schulstufe Exkursionen in Technologieunternehmen gemacht. Die Personalleiterin eines dieser Unternehmen sagte danach zur Direktorin: „In diesem Jahrgang sind die Mädchen interessierter an Technik als die Buam."

Die inhaltlichen Wurzeln des ZIMD liegen aber nicht nur in diesem Bereich, sondern auch in der Friedenspädagogik und in der Forschung; dabei insbesondere in menschzentrierter Forschung: Gender, Diversität und Benutzungsfreundlichkeit von Technologien. Dies ist ebenfalls in die Entwicklung der Robo4earth und des didaktischen Konzepts eingeflossen. Die Gründer:innen des ZIMD sind nahe der Pension und wollen das ZIMD in den nächsten 3-6 Jahren entweder gut übergeben oder beenden. In diesem Projekt fließen all unser Knowhow und Engagement zusammen: www.zimd.at.

Die Projekte

Die Robo4earth wurde von uns ohne Projektfinanzierung 2021 entwickelt. Seit Oktober 2021 konnten wir das didaktische Konzept im Rahmen von zwei Projekten weiterentwickeln:

Abb.12 RoboSDG-Logo

Abb.13 Robo4earth-Logo

RoboSDG, finanziert durch das Frauenministerium, Oktober 2021 bis Dezember 2022: 80 Robo4earth-Workshops für Mädchen (5. Schulstufe) im Großraum Wien.

Robo4earth, finanziert durch die Wiener Wirtschaftsagentur, Oktober 2021 bis September 2022: 30 Robo4earth-Workshops für Mädchen und Buben (5. Schulstufe) in Wien, monoedukativ, also 15 Klassen.

Robo4earth 2.0, finanziert durch die Wiener Wirtschaftsagentur, Oktober 2022 bis max. Dezember 2024: 33 Robo4earth-Workshops für Mädchen und Buben, davon 3 als Pilotworkshops für die erweiterten Aufgaben (Bau des Fahrgestells und Makecode-Extension)

AUTOR:INNEN DIESER AUSGABE

Christina Adorjan ist Chemikerin, Wissenschaftsvermittlerin,Vortragende, Lehrperson, Autorin (https://www.schubu.at/; https://loern.at/; https://bit.ly/Holzexperimente), leitet den Verein Technologykids (https://www.technologykids.at/) sowie das Clusterzentrum Tulln des edu-MakerSpaces NÖ (https://makerspaces.ph-noe.ac.at/).

Marc de Vries ist Professor für Wissenschafts- und Technologiepädagogik und für christliche Technologiephilosophie an der TU Delft, Niederlande, seit 1999 Chefredakteur des „International Journal of Technology and Design Education" (SpringerNature Publishers), Herausgeber der Buchreihe „International Studies in Technology Education" (Brill Publishers). Er ist Koordinator der internationalen Konferenzreihe „Pupils' Attitudes Towards Technology", deren 40. Konferenz in Liverpool 2023 stattfand. Publikationen u.a.: Geschichte der Philips-Forschung (Amsterdam University Press); Teaching About Technology (eine Einführung in die Technologiephilosophie für Technologiepädagogen). m.j.devries@tudelft.nl

Dorothea Erharter ist Gründerin und Geschäftsführerin des ZIMD Zentrum für Interaktion, Medien & soziale Diversität. Sie konzipiert und leitet technologische Forschungs- und Technologievermittlungsprojekte mit Fokus auf Partizipation, Chancengerechtigkeit und Gender-Aspekte. Das ZIMD begeistert seit 2007 Mädchen für Technik und Programmieren durch den Bau von Robotern, führt friedenspädagogische Workshops durch, hat zwei pädagogische Roboter entwickelt und forscht im Bereich Partizipation und Gruppenentscheidungen. Erharter ist auch Mediatorin, Klärungshelferin und moderiert Entscheidungsprozesse. https://www.zimd.at/, d.e@zimd.at

Timo Finkbeiner ist Professor am Institut für Ausbildung an der Kirchlichen Pädagogischen Hochschule Wien/Krems. Schwerpunkte seiner Lehre und Forschung liegen in den Bereichen der Inklusiven Pädagogik und der frühen technischen Bildung mit

Fokus auf Fragen der Didaktik sowie der Lehrer:innenbildung. timo.finkbeiner@kphvie.ac.at

Camilo Ayala García ist Assistenzprofessor am Design Department der Universidad de los Andes Bogotá, Colombia. Er forscht und lehrt auch an der Fakultät für Design und Künste der Freien Universität Bozen und am interuniversitären „Materials Experience Lab" der TU Delft und des Politecnico di Milano. Er studierte „Industrial und Textile Design" an der Universidad de los Andes, Produkt Design an der Domus Academy, Mailand, und promovierte zu den Themen „Materials and Design", „Evolution of Materials", „Self-Production of Materials" am Politecnico di Milano. https://materialsexperiencelab.com/

Karin Gollowitsch unterrichtet an der Pädagogischen Hochschule Steiermark im Fach „Technik und Design" in der Aus-, Fort- und Weiterbildung, vorrangig im Bereich der Sekundar-, aber auch in der Primarstufe. Ihr fachlicher Schwerpunkt liegt in der Vermittlung von Grundlagen in der Fachdidaktik und in der Kreativitätsförderung. karin.gollowitsch@phst.at

Dominik Gumpenberger ist Lehrer am WRG Salzburg, Lektor an der Universität Mozarteum Salzburg im Fachbereich Gestaltung: Technik, Textil.

Ingrid Hackl ist Senior Artist an der Kunstuniversität Linz in der Lehramtsausbildung für das Unterrichtsfach „Technik und Design", ist Mitglied der Fachgruppe für Gestaltung: Technik.Textil im Cluster Mitte, hat an der Entwicklung des Curriculums mitgewirkt und stand/steht im Austausch mit Expert:innen anderer Universitäten, sowie in OÖ mit der Bildungsdirektion, den Pädagogischen Hochschulen und den ARGE-Leiter:innen. Sie konzipiert und organisiert Fort- und Weiterbildungsaktivitäten für Werkpädagog:innen.

Ihre künstlerisch-wissenschaftliche Forschungstätigkeit und Praxis liegt im Bereich Bildung für Nachhaltige Entwicklung in Verbindung mit Designpädagogik. https://kunstuni-linz.at/BA-Gestaltung-Technik-Textil.13349.0.html, ingrid.hackl@kunstuni-linz.at

Gert Hasenhütl ist Lehrender und Forschender in den Bereichen Design und Technik, Vertragslektor am Institut für das künstlerische Lehramt an der Akademie der bildenden Künste Wien, Lektor an der Universität für angewandte Kunst Wien und Professor für „Technik und Design" an der Kirchlichen Pädagogischen Hochschule Wien/Krems. g.hasenhuetl@akbild.ac.at, gert.hasenhuetl@kphvie.ac.at

Georg Jaroschka. Nach dem Diplomstudium an der Akademie der bildenden Künste in Wien und zehn Jahren Tätigkeit als Computeranimator Umstieg in die Lehrämter BE und WE an der Universität für Gestaltung Linz, seit fünfzehn Jahren im Schuldienst quer durchs Land. In beiden Lebensabschnitten Entwickler quelloffener Software und Botschafter für amerikanische Didaktik. Lernt von seiner Tochter alles neu.

Monika Holzer-Kernbichler ist Kunsthistorikerin, Kunstvermittlerin und Bildungskuratorin. Sie arbeitet als Lektorin an verschiedenen Universitäten und leitet die Kunstvermittlung am Kunsthaus Graz und der Neuen Galerie Graz. Ihre Arbeitsschwerpunkte liegen in der Kunstgeschichte ab 1800 bis zur Gegenwart, der Kunsttheorie, den Kulturwissenschaften und der Theorie der Vermittlung. monika.holzer-kernbichler@museum-joanneum.at

Johannes Lhotka ist Mitbegründer des „Fördervereins Technische Bildung". In seiner langjährigen Tätigkeit als Lehrer für Werken an der AHS und als Aus- und Fortbildner an Pädagogischen Akademien war und ist es ihm immer ein Anliegen, für die gebührende Anerkennung der Unverzichtbarkeit des Faches „Technik und Design" im Fächerkanon zu kämpfen. Einer der Schwerpunkte seines Wirkens war der Einsatz des Computers im Werkunterricht bereits zu Beginn der Personalcomputer-Ära im vorigen Jahrhundert.

Elisabeth Lehner ist digitale Kunst- und Kulturvermittlerin, Vortragende, Lehrperson und Projektmanagerin. Ihr Arbeitsschwerpunkt liegt an der Schnittstelle von digitaler Kunst und Bildung. www.elisabeth-lehner.space

Stefano Parisi ist Postdoktorand an der Fakultät für Industrial Design Engineering im Department of Sustainable Design Engineering der TU Delft,. Er forscht und lehrt zu „Materials Experience" und „Material-Driven Design". Seine zahlreichen Publikationen beschäftigen sich u.a. mit „Bio-Fabricated Organic Materials", „CMF" (Color, Material and Finishes), „Hybrid Material Systems" oder Textilien. https://materialsexperiencelab.com/

Barbara Pollini ist Lektorin, Designerin und Materialforscherin in den Bereichen „Sustainable Design" und Biodesign. Sie studierte Ecodesign und Ecoinnovation an der Universität Camerino, Italien, und promovierte zum Thema Design am Politecnico di Milano. Sie ist Mitbegründerin von „Nuup – Sustainable Creativity", einem Netzwerk zur Entwicklung nachhaltiger Umweltprojekte. Ihre Forschungsthemen umfassen DIY-Materialien, Biodesign, „Design Fiction", „Life Cycle Design" oder „Circular Design". https://www.nuup.it/

Valentina Rognoli ist a.o. Professorin an der Fakultät für Design am Politecnico di Milano. Für ihr Doktorat erforschte sie sensorisch-expressive Dimensionen von Designmaterialien. Sie ist die Mitbegründerin und Co-Vorsitzende des „Materials Experience Lab" der TU Delft und des Politecnico di Milano. Sie forscht und lehrt in den Bereichen „CMF" (colour, material and finishing), DIY-Materialien, „Materials Interactions", „MDD" (Materials Driven Design), „Regenerative Design Materials for Transition", „Repairing and Imperfection" und Tinkering. Sie gilt als Pionierin in diesen Bereichen für Design, Materialien und Technologie. https://materialsexperiencelab.com/

Josef Seiter, Professor i. R. der Pädagogischen Hochschule Wien, ehemaliger Koordinator des „Thematischen IMST-Netzwerks Technisches Werken", Mitbegründer des „Fördervereins Technische Bildung", Mitherausgeber der „schulhefte", Kulturhistoriker, Verfasser diverser Publikationen zu pädagogischen, kultur- und kunsthistorischen Themen. www.technischebildung.at office@technischebildung.at

René Stangl unterrichtet an der Pädagogischen Hochschule Steiermark im Fach „Technisches und Textiles Gestalten" bzw. „Technik und Design" im Bereich der Aus-, Fort- und Weiterbildung für die Sekundarstufe. Seine Lehrtätigkeit umfasst Grundlagenveranstaltungen in der Ausbildung u.a. in der Erfahrungswerkstätte, der Fachdidaktik Technik, Raum 1, dem Praxisnetzwerk Fachdidaktik. rene.stangl@phst.at

Marion Starzacher ist Architektin, Kreativpädagogin und Hochschulprofessorin für „Technik und Design" an der Pädagogischen Hochschule Steiermark. Ihr Forschungsfokus liegt in der Entwicklung von Lern- und Lehrumgebungen im STEAM-Field. Sie befasst sich mit forschendem und entdeckendem Lernen sowie mit Kreativitätsprozessen. In der Architektur und baukulturellen Bildung liegt ihr Fokus im Raum und der Raumwahrnehmung sowie einer daraus resultierenden Didaktik in der Vermittlung. Gemeinsam mit Ingrid Krumphals leitet sie seit 2022 das Zentrum für fachdidaktische Forschung in der naturwissenschaftlich-technischen Bildung (NATech) der PH Steiermark. marion.starzacher@phst.at

Martina Taranto ist Designerin, Künstlerin und Forschende. Sie absolvierte ihren Master am Royal College of Art in London. Sie kombiniert „Critical Design" Methoden, Designethik mit Materialforschung. Ihre Forschungsschwerpunkte im Bereich des ganzheitlichen Design-Ansatzes sind DIY Materialien, Nachhaltigkeit und Biodesign. https://martinataranto.com/

Cornelia Zobl ist Professorin im Fachbereich „Technisches Werken" bzw. „Technik und Design" an der Kirchlichen Pädagogischen Hochschule Wien/Krems. Ihr Forschungsinteresse gilt der bildungswissenschaftlichen Perspektive auf gesellschaftliche Transformationsprozesse durch Technologisierung und Digitalisierung und deren Konsequenzen für den schulischen Unterricht. cornelia.zobl@kphvie.ac.at

Genug
vom Fischen
im Trüben?
AK WIEN
GERECHTIGKEIT MUSS SEIN
A&W
blog
awblog.at

Personalvertretungs- und Gewerkschaftswahl 2024

Wichtige Information

Gewerkschaftswahl 2024:

GÖD-Mitglieder können kandidieren

Wir informieren alle Kolleg:innen darüber, dass im Herbst 2024 Personalvertretungs- und Gewerkschaftswahlen sind. Wer bei zweiterer antreten möchte, muss bis spätestens April GÖD-Mitglied werden.

Personalvertretungswahl 2024

Alle können kandidieren

Bei den PV-Wahlen können alle kandidieren, die spätestens im kommenden Sommersemester als Landes- oder Bundeslehrer:in im Dienst sind.

Wir sind für euch da

Kolleg:innen, die zu diesen Wahlen antreten wollen, unterstützen wir gerne mit Rat und Tat:

wahlteam2024@ugoed.at

LIEFERBARE TITEL

Nr.	Titel	Preis
107	Mahlzeit? Ernährung	€ 10,90
108	LehrerInnenbildung	€ 11,60
109	Begabung	€ 11,60
110	leben – lesen – erzählen	€ 11,60
111	Auf dem Weg – Kunst- und Kulturvermittlung	€ 11,60
112	Schwarz-blaues Reformsparen	€ 8,70
113	Wa(h)re Bildung	€ 14,00
114	Integration?	€ 14,00
115	Roma und Sinti	€ 14,00
116	Pädagogisierung	€ 14,00
117	Aufrüstung u. Sozialabbau	€ 14,00
118	Kontrollgesellschaft und Schule	€ 14,00
119	Religiöser Fundamentalismus	€ 14,00
120	2005 Revisited	€ 14,00
121	Erinnerungskultur – Mauthausen	€ 14,00
122	Gendermainstreaming	€ 14,00
123	Soziale Ungleichheit	€ 14,00
124	Biologismus – Rassismus	€ 14,00
125	Verfrühpädagogisierung	€ 14,00
126	Leben am Rand	€ 14,00
127	Führe mich sanft Beratung, Coaching & Co.	€ 14,00
128	Technik-weiblich!	€ 14,00
129	Eine andere Erste Republik	€ 14,00
130	Zur Kritik der neuen Lernformen	€ 14,00
131	Alphabetisierung	€ 14,00
132	Sozialarbeit	€ 14,00
133	Privatisierung des österr. Bildungssystems	€ 14,00
134	Emanzipatorische (Volks)Bildungskonzepte	€ 14,00
135	Dazugehören oder nicht?	€ 14,00
136	Bildungsqualität	€ 14,00
137	Bildungspolitik in den Gewerkschaften	€ 14,00
138	Jugendarbeitslosigkeit	€ 14,00
139	Uniland ist abgebrannt	€ 14,00
140	Krisen und Kriege	€ 14,00
141	Methodische Leckerbissen	€ 14,00
142	Bourdieu	€ 14,00
143	Schriftspracherwerb	€ 14,00
144	LehrerInnenbildung	€ 14,00
145	EU und Bildungspolitik	€ 14,00
146	Problem Rechtschreibung	€ 14,00
147	Jugendkultur	€ 14,00
148	Lebenslanges Lernen	€ 14,00
149	Basisbildung	€ 14,50
150	Technische Bildung	€ 14,50
151	Schulsprachen	€ 14,50
152	Bildung und Emanzipation	€ 14,50
153	Politische Bildung	€ 15,00
154	Bildung und Ungleichheit	€ 15,00
155	Elternsprechtag	€ 15,00
156	Weiterbildung?	€ 15,00
157	Bildungsdünkel	€ 15,50
158	Linke Positionen	€ 15,50
159	Bildungsanlass Erster Weltkrieg	€ 15,50
160	Das Ende der Schule	€ 15,50
161	Österreich und der EU-Bildungsraum	€ 16,00
162	Neue Mittelschule	€ 16,00
163	SchulRäume	€ 16,00
164	Demokratie	€ 16,50
165	Strategien für Zwischenräume	€ 16,50
166	Lehrer/innenhandeln wirkt	€ 16,50
167	Widerstand	€ 16,50
168	Bildungschancen FAIRteilen!	€ 16,50
169	Reform des Kindergarten	€ 17,00
170	Praxis des Unterrichtens – Bildungstheoretische Auseinandersetzungen	€ 17,00
171	Lust – die vergessene Dimension der Pädagogik	€.17,00
172	Musikerziehung	€ 17,00
173	Engagement für Frieden	€ 17,50
174	Sonderpädagogik	€ 17,50
175	Kunst macht Schule	€ 17,50
176	Migration, Flucht und Bildung	€ 17,50
177	Schulautonomie	€ 18,20
178	Unser Haus brennt!	€ 18,20
179	Grätzl und Gentrifizierung – eine spannungsgeladene Ambivalenz	€ 18,20
180	Mentor*innen – Theorie und Praxis	€ 18,20
181	Aus Geschichte/n lernen. Funktionen von Geschichtspolitiken	€ 18,90
182	Sexualität und Pädagogik Teil 1: Konzepte & Debatten	€ 18,90
183	Sexualität und Pädagogik Teil 2: Zur praktischen Umsetzung von Sexualpädagogik	€ 18,90
184	Mind the Gap	€ 18,90
185	Schule. Macht. Angst.	€ 19,60
186	Imperiale Lebensweise und Bildung	€ 19,60
187	Theater.Pädagogik.Schule	€ 19,60
188	Digitalisierung und Bildung	€ 19,60
189	Teaching to the Test	€ 20,30
190	Freizeitpädagogik	€ 20,30
191	Sprach-ver-handeln	€ 20,30